V
471.

LE
MARESCHAL
DE BATAILLE.
CONTENANT
LE MANIMENT DES ARMES,
LES EVOLVTIONS.

Plufieurs BATAILLONS, tant contre l'Infanterie que contre la Cavalerie.

Divers **ORDRES DE BATAILLES.**

Avec un bref difcours fur les confiderations que doit avoir un Souverain, avant que de commencer la guerre.

Et un abregé des functions de Generaux d'Armées, de Marefchaux de Camp, & autres principales Charges d'icelles.

DEDIE AV ROY.

Inventé & Recueilly par le Sieur Mareſchal de *Bataille des Camps & Armées de ſa Majeſté, & Sergent major de ſes Gardes Françoiſes.*

A PARIS,

De l'Imprimerie d' ESTIENNE MIGON Profeffeur és Mathematiques, & Imprimeur ordinaire du Roy pour le faict de la Milice.

AVEC PRIVILEGE DV ROY.

M DC XLVII.

AV ROY.

SIRE,

Voicy un Ouvrage qui fous la pro-
tection de voftre nom fe promet un afi-
le contre les injures du temps. Ie fçay
bien qu'en l'offrant à voftre Majefté je

ne luy prefente prefque rien qui luy foit nouveau, & que les Regles & les Ma-ximes dont je traitte n'ont rien de fi fecret ny de fi difficile qui n'ait efté penetré par les lumieres de fon efprit. Mais, SIRE, j'auray au moins cét ad-vantage d'avoir publié jufqu'où va la grandeur de voftre Genie, & d'avoir fait connoiftre à toute la Terre qu'a-vant l'âge de neuf ans voftre Majefté a fceu ce qu'à peine les plus grands Ca-pitaines ont acquis dans tout le cours d'une longue vie. Cela, SIRE, donne-ra de l'admiration à tous les peuples : mais s'ils avoient comme moy l'hon-neur d'approcher quelque-fois de voftre perfonne, les graces & la beauté dont elle eft accompagnée leur donneroit

ſans doute autant d'amour que d'eſton-
nement, & je ſuis aſſeuré que le plus
barbare feroit gloire de porter comme
moy la qualité,

SIRE,

De

Tres-humble, tres-obeïſſant, & tres-
fidele ſujet & ſerviteur de voſtre Majeſté,
LOSTELNEAV.

ADVIS AV LECTEVR.

CHER LECTEVR, Forcé, & non par aucun de-
sir d'acquerir de la gloire par l'impression du Mareschal de Bataille sous mon nom, je souffre qu'il soit ex-
posé à ta censure. Le feu Roy LOVIS LE IVSTE,
d'immortelle & de tres-glorieuse memoire, m'avoit commandé de faire un recueil, tant du Maniment des Armes, Evolutions, Bataillons, Ordres de batailles, Campemens d'armées, passages de rivieres, qu'autres choses
concernant la guerre. Ma curiosité se rapporta de sorte
à ce commandement que soudain je meditay les moyens de l'executer. Ie recher-
chay premierement tout ce que j'avois veu durant vingt-cinq ans pratiquer à
ce grand Prince, & en suite ce que j'ay pu voir dans la fonction des Charges
dont sa Majesté m'a honoré, notamment exerçant celle de Sergent ou de Mareschal de Bataille; dernier nom que la mode luy a donné, & que je luy ay
laissé pour ne le rendre pas mesconnoissable; & tout ce que j'y ay pû adjouster
de mon invention. Apres avoir assemblé toutes mes pieces, où autre que moy
n'eust pû rien comprendre, je crû qu'il falloit mettre le tout par figures, avec
un bref discours qui leur donnast l'explication necessaire. Pour en faire les representations, j'ay esté necessité de me servir de divers Peintres, & de leur mettre mon Ouvrage entre les mains; ils m'ont gardé si peu de fidelité qu'il n'y a
que ceux qui ne l'ont pas voulu à qui mon travail ne fust aussi connu qu'à
moy; divers Autheurs en ont pris des pieces dont ils ont crû orner leurs livres;
Il y a particulierement un Autheur Normand qui m'a pris une bonne partie
des Evolutions, tu jugeras s'il te plaist qui les a mieux entenduës; I'ay mieux
aimé sous le nom general de sa Nation luy faire ce reproche que de le faire rou-
gir en y mettant le sien propre, de quoy je demande pardon au reste de sa Province. Et venant à ce qui m'oblige de consentir à l'impression de ce Livre,
j'adjouste que l'infidelité de mes Peintres a passé jusqu'à bailler mon travail à
des personnes, qui l'ayant en quelque sorte déguisé, l'avoient mis entre les mains
des Imprimeurs pour le mettre sous la Presse, lors que mon bon-heur voulut
que le sieur Migon, Professeur és Mathematiques, qui a une parfaite intelligence de cet Ouvrage, qui y a travaillé long-temps avec moy, & qui peut ensei-
gner par des regles faciles & infaillibles tout ce qui se peut sçavoir des exercices
militaires, en eut avis. I'estois absent, & ce qu'il pût faire fut d'obtenir un Privilege du grand Seau, avec defenses à tous Imprimeurs de travailler à cette
Impression, qu'il entreprit comme seul capable d'y reüssir; de-quoy m'ayant

donné avis, & representé que mon Ouvrage eſtoit au pillage, ſi je ne conſentois
qu'il l'imprimaſt : que meſmes il avoit desja fait des frais, tant pour retirer la
copie que pour l'obtention du Privilege : je ne crus pas devoir luy refuſer ce qu'il
me demandoit, & donnay mon conſentement pour l'impreſſion d'un Livre qui
n'eſtoit nullement en eſtat d'eſtre expoſé au public. Il commença deſlors cette
impreſſion ; quand je fus de retour de Guyenne, où j'eſtois, je la trouvay bien
avancée, & je reconnus que ſa capacité avoit ſuppleé aux defauts d'une copie
ſi mal en ordre, où certainement je remarquay tant de fautes arrivées par l'i-
gnorance des divers Copiſtes par les mains deſquels elle avoit paſſé, que je fus
contraint d'en faire refaire une bonne partie, à fin de luy donner la forme que
je m'eſtois propoſée, & que tu luy verras. Et comme j'ay travaillé le mieux
qu'il m'a eſté poſſible à r'habiller les fautes d'autruy, je te demande la charité
de ſupporter les miennes, & croire que ſans les raiſons que je t'ay alleguées elles
n'auroient au plus eſté connuës que de mes amis plus particuliers, attendant que
le temps m'euſt donné le loiſir de les corriger ; outre que mon deſſein eſtoit d'y ad-
jouſter quantité d'autres Ordres de Batailles, diverſes ſortes de Marches d'Armées, quelques Campemens, un Traicté ſur l'importance des paſſages de rivieres,
avec quelques figures pour les repreſenter, & l'Exercice ou Evolutions de la
Cavalerie. Au ſurplus mon deſſein eſtoit d'y mettre un Traicté bien ample ſur
les conſiderations que le Souverain doit avoir avant qu'entreprendre la guerre ;
du choix & du devoir des Generaux d'Armées ; des Mareſchaux de Camp
& de Bataille ; de la function de leurs Charges ; & de quelques autres princi-
paux Officiers des Armées : des remarques faictes par les plus grands & experimentez Capitaines tant anciens que modernes ſur le faict de la guerre ; &
beaucoup d'autres choſes que la haſte des libraires qui ont faict une partie des
frais ne me permet de te donner qu'en abregé ; s'ils trouvent leur comte à la vente juſqu'à pouvoir en faire une ſeconde impreſſion, j'eſpere qu'elle te donnera plus
de contentement, & meſme de faire veoir dans une ſuite ou ſeconde Partie, ce
que je n'ay pû mettre dans celle-cy ; en tout cas je te prie de recevoir ma bonne
volonté. Tu trouveras des fautes au langage qu'aura peut-eſtre cauſé le lieu de
ma naiſſance. Il y a pareillement des mots que j'ay laiſſé à deſſein, eſtant des
termes de l'Art qui à mon avis n'ont pas deu eſtre changez, quoy qu'ils ne ſoient
plus en l'uſage du parler d'à preſent. Au ſurplus ſi tu me demandes pourquoy
j'ay donné le nom de Mareſchal de Bataille à mon Livre, je t'en diray deux
raiſons principales ; la premiere eſt que j'ay toûjours aymé cette Charge, l'ayant
long temps exercée avec aſſez de bon-heur pour avoir ſatisfait les Generaux ſous
leſquels j'ay eu l'honneur de ſervir : de ſorte que j'ay crû luy devoir ce tribut : &
l'autre que mon opinion eſt que celuy qui ſçaura parfaitement tout ce qui eſt
contenu dans cet Ouvrage ſera en quelque ſorte capable de l'exercice de cette Charge. En fin ſi le temps que j'ay employé à ce travail ne te ſemble pas inutile, &

que tu y treuves quelque chose de bon fais-en ton profit: si tu le condamnes, ce ne sera pas moy seul que tu traicteras avecque rigueur, puisque je t'avoüe franchement que j'ay recueilly des plus excellents Maistres de l'Art militaire beaucoup plus de choses que tu verras dans ce volume si tu en as la curiosité, que tu n'y en trouveras de ma production.

OVIS PAR LA GRACE DE DIEV ROY DE FRAN-
CE ET DE NAVARRE, A tous ceux qui ces prefentes Lettres verront, Salut. Noftre cher & bien-amé Maiftre Estienne
Migon Profeffeur és Mathematiques nous a fait dire & remon-
ftrer que par le commandement du feu Roy noftre tres-honoré
Seigneur & Pere de glorieufe memoire & par le noftre, il a entrepris de mettre en lumiere un Livre intitulé LE MARESCHAL
DE BATAILLE, compofé & recueilly par le ficur de Lostelneav Marefchal de Bataille de nos Camps & Armées, & Sergent
Major de nos Gardes Françoifes. Mais d'autant que ce Livre eft
tout remply de Bataillons & Ordres de Batailles qu'il pretend im-
primer avec des Caracteres de plomb comme on fait la lettre, au lieu que jufqu'à prefent tous
ceux qui ont imprimé de femblables figures les ont tousjours fait graver en bois ou en cuivre,
ce qui eft de la pure invention dudit Migon, & qui fervira grandement à l'intelligence de cet
Ouvrage, à caufe de la diverfité des couleurs dont chaque figure fera imprimée, à fçavoir les
Moufquetaires de rouge, les Piquiers de noir, & la Cavalerie de jaune, ce qu'on ne pourroit jamais faire fi lefdites figures eftoient gravées en cuivre. Et comme cette maniere d'imprimer
des Bataillons eft toute nouvelle, & qu'on n'a point encore rien veu de femblable, il n'a pû
trouver aucun Imprimeur qui ait pû travailler audit Ouvrage, parce qu'ils n'ont point de Caracteres propres, & qu'il ne s'eft trouvé aucun Fondeur de lettres qui leur en ait pû fondre,
pour ne fçavoir pas la forme qu'ils doivent avoir, n'y ayant que ledit Migon qui puiffe donner
l'invention d'en faire les poinçons & matrices, & qui fçache la proportion & grandeur que
doivent avoir iceux Caracteres; mefmes lefdits Imprimeurs, bien qu'il leur ait voulu compofer
lefdits Bataillons & Ordres de Batailles avec les fufdits Caracteres, & leur rendre toutes les Formes preftes à les tirer defdites couleurs, ont fait difficulté d'apporter en fon logis des Freffes
d'Imprimerie & d'y travailler, fous pretexte de nos Ordonnances & defenfes à toutes perfonnes, de quelque qualité & condition qu'elles foient d'avoir chez eux Preffes à imprimer, excepté aux Imprimeurs, fur les peines portées par icelles: c'eft pourquoy ledit Migon n'a pû avancer l'impreffion dudit Liure, duquel à cette occafion, Novs & le public fommes demeurez pri-
vez jufqu'à prefent; à quoy defirant pourvoir, à fin qu'un travail fi utile, non feulement pour
Nous, mais encore à toute noftre Nobleffe, & generalement à tous ceux qui portent les armes
pour noftre fervice, ne demeure infructueux. A CES CAVSES, Novs, de l'avis de la Reine Regente noftre tres-honorée Dame & Mere; avons par ces prefentes fignées de noftre main,
permis audit Migon expofant de tenir Preffes & Imprimerie aux lieux où il fera demeurant,
& avoir des Imprimeurs chez foy pour imprimer ledit Livre intitulé LE MARESCHAL
DE BATAILLE, avec les caracteres qu'il a inventez pour nous en faciliter l'intelligence, &
d'imprimer les Moufquetaires de rouge, les Piquiers de noir, & la Cavalerie de jaune; & de
compofer luy-mefme lefdits Bataillons & Ordres de Batailles avec les fufdits caracteres pour les
faire tirer defdites couleurs par les Imprimeurs qu'il avifera. Aufquels Imprimeurs permettons
de porter au logis dudit Expofant Preffes d'Imprimerie, & d'y aller travailler audit Livre cy-
deffus, fans qu'ils puiffent encourir la rigueur de nos Ordonnances ny ledit Expofant: defquelles nous les avons pour ce regard difpenfé & difpenfons: pour iceluy Livre eftre vendu & diftri-
bué par tout noftre Royaume, pays, terres & feigneuries de noftre obeyffance durant le temps
& efpace de cinq années, à commencer du jour qu'il aura efté achevé d'imprimer pour la premiere fois. Pendant lequel temps nous defendons à tous Imprimeurs, Libraires, Graveurs, &
autres, de quelque qualité & condition qu'ils foient, de troubler ny empefcher ledit Migon
expofant, ny les Imprimeurs ou autres qu'il employera à travailler audit Livre cy-deffus; de l'imprimer, graver, contrefaire, augmenter ou diminuër, vendre & debiter fans le congé & permif-
fion dudit Migon, ou de ceux qui auront droict de luy; à peine aux contrevenans de fix mil
livres d'amende, le tiers applicable à Nous, autre tiers à l'Hoftel-Dieu de Paris, & l'autre audit Expofant, confifcation des Exemplaires, & de tout ce qui aura efté contre-fait; & de tous

fes defpens, dommages & interefts : à la charge de mettre deux Exemplaires d'iceluy en noftre
Biblioteque, & un és mains de noftre tres-cher & feal Chevalier, Chancelier de France, Comte
de Gien, & Commandeur de nos Ordres le fieur Seguier, avant que de l'expofer en vente,
à peine d'eftre defcheu du prefent Privilege. ET DE PLVS, pour encore davantage reconnoiftre l'invention, le travail & la defpenfe dudit Migon expofant, Nous, de l'avis que deffus, apres qu'il nous eft apparu eftre de la Religion Catholique, Apoftolique & Romaine, l'a-
vons retenu & retenons par ces mefmes prefentes en la qualité de noftre Imprimeur ordinaire
pour les Bataillons & Ordres de Batailles : voulons & entendons qu'il puiffe tenir des Ouvriers
à fes gages, & qu'il imprime ou face imprimer toutes fortes de Bataillons & Ordres de Batailles avec le difcours neceffaire pour l'explication de chaque figure, fans qu'autres de quelque
qualité & condition qu'ils foient fe puiffent ingerer d'imprimer defdits Bataillons & Ordres de
Batailles avec de femblables Caracteres que ceux que ledit Migon a inventé, fur les mefmes
peines de fix mille livres d'amende : à la charge qu'il ne pourra s'immifcer en aucune autre forte
d'Imprimerie que ce foit, fur les peines portées par nofdites Ordonnances. SI DONNONS
EN MANDEMENT à nos amez & feaux les Gens tenant nos Cours de Parlement, Prevoft de Paris ou fon Lieutenant Civil, & à tous nos autres Officiers & Sujets qu'il appartiendra,
que dudit Migon pris & receu le ferment en tel cas requis & accouftumé, ils le mettent en
poffeffion & jouyffance de ladite charge de noftre Imprimeur ordinaire pour les Bataillons &
Ordres de Batailles, & luy en facent jouyr & ufer pleinement & paifiblement, fans fouffrir luy
eftre fait, mis ou donné aucun trouble ou empefchement au contraire, comme auffi de noftre
prefent Privilege & du contenu en iceluy, en contraignant & faifant contraindre par toutes
voyes deuës & raifonnables tous ceux qu'il appartiendra ; & ce nonobftant oppofitions ou appel-
lations quelconques, Edits, Lettres, Privileges & autres à ce contraires : aufquelles pour bonnes
confiderations à ce Nous mouvans, avons pour ce regard derogé & derogeons par cefdites prefentes. MANDONS au premier noftre Huiffier ou Sergent fur ce requis faire pour l'execution
des prefentes tous exploits neceffaires, fans demander autre congé, placet, vifa, ny pareatis,
nonobftant clameur de Haro, prife à partie, & toutes autres Lettres contraires. Voulons qu'aux
copies des prefentes collationnées par l'un de nos amez & feaux Confeillers & Secretaires foy
foit adjouftée comme au prefent Original, & qu'en mettant au commencement ou à la fin dudit Livre copie des prefentes, ou un extraict fommaire d'icelles, elles foient tenuës pour figni-
fiées à tous qu'il appartiendra. CAR TEL EST NOSTRE PLAISIR. Et afin que ce
foit chofe ferme & ftable à tousjours nous avons fait mettre noftre Seel à cefdites prefentes.
Donné à Paris le vingt-huictiefme jour de Decembre, l'an de Grace mil fix cens quarante-
quatre, & de noftre Regne le deuxiefme. Signé LOVIS : Et fur le reply, Par le Roy, la Reine
Regente fa Mere prefente, Phelypeavx. Et feellé fur double queuë du grand Seau en cire
jaune.

Regiftrées, Ouy le Procureur General du Roy, pour joüyr par l'Impetrant de l'effect & contenu en icel-
les, & eftre executées felon leur forme & teneur : à la charge qu'il ne pourra s'entremettre en l'impref-
fion d'aucun autre Livre que de Bataillons, Ordres de Batailles, Campemens d'Armées, Paffages de Ri-
vieres, & autres parties concernant la guerre ; ainfi qu'il eft porté par l'Arreft de ce jour. A Paris en
Parlement le quatriefme jour de Septembre mil fix cens quarante-fix. Signé, Radiovrs.

Et ledit Migon a affocié avec luy audit Privilege Antoine de Sommaville, Auguftin Cour-
bé, & Touffainct Quinet Marchands Libraires à Paris, ainfi qu'il eft plus au long porté par le
concordat fait entr'eux.

Achevé d'imprimer pour la premiere fois ce dernier jour
de Decembre, 1646.

MANIMENT
DES ARMES.

MANIMENT
DES ARMES.

POVR bien faire exercer les Soldats, & leur monſtrer le Maniment de leurs Armes, & à faire toutes les Evolutions ſuivantes, il les faut mettre à 6, à 8, ou à 10 de hauteur: toute-fois 8 eſt la hauteur la plus commode, à cauſe des doublemens de rangs, & à fin de faire le tout avec plus de juſteſſe. Il faut auſſi que le front ſe puiſſe partager en quatre parts egales, pour pouvoir doubler les files par quarts de rangs; mais celà n'empeſche pas que les Soldats ne ſe puiſſent exercer en quelque front & hauteur qu'on les puiſſe mettre, lors qu'on n'aura pas les nombres complets, tant pour le front que pour la hauteur.

On remarquera, avant que paſſer outre, que pour plus grande facilité, nous avons mis toutes les figures de ce Livre dans la page de main droicte, & leur expliquation vis à vis dans l'autre page.

La plus part commencent l'exercice par les Evolutions , mais mon opinion eſt qu'il faut commencer par le Maniment dés Armes , y ayant beaucoup d'apparence que c'eſt la premiere choſe que les Soldats doivent ſçavoir.

Pour commencer , il faut mettre tous les Mouſquetaires enſemble à une main , & les Piquiers à l'autre , comme monſtre cette figure , laquelle repreſente un Bataillon compoſé de 2 5 6 Soldats , à ſçavoir 1 2 8 Mouſquetaires & autant de Piquiers , à 8 de hauteur & 32 de front, duquel les • • • • • • font les Piquiers , & les ○ ○ ○ ○ ○ ○ font les Mouſquetaires.

Et quand le Maniment des Armes ſera fait , il faudra partager les Mouſquetaires au demy-rang , & en faire paſſer la moitié par les intervales , ſur l'autre flanc des Piquiers , comme on peut voir par la figure de deſſous ; Et comme il ſera enſeigné cy-apres au feuillet 108.

Mais il faut ſçavoir que de quelque Bataillon que ce ſoit , le premier rang ſe nomme Chef de file , & le dernier Serre-file ; & des deux rangs du milieu , le premier ſe nomme Serre-demy file , c'eſt en ces deux Bataillons le quatrieſme rang ; & celuy d'apres eſt appellé demy-file.

Il faut qu'il y ait trois pas de diſtance entre châque rang , & un pas entre châque file.

EXERCICE DV MOVSQVET.

Il faut premierement que de bien porter fes Armes , prendre le moufquet avecque la main droicte par le haut de la croffe , appuyant la main ferme contre le derriere du baffinet; puis porter le pied droict, & le moufquet haut, en arriere, en fe tournant à droict ; reporter le pied droict en fa place , & d'un mefme temps mettre le moufquet fur l'efpaule gauche ; porter la main gauche au deffous de la droicte fur la croffe du moufquet , en la place où il eft reprefenté par cette figure; lafcher la main droicte, & la laiffer pendante en fa place ; & pefer fort de la gauche fur la croffe du moufquet, à fin que le bout foit haut.

Il faut que le Moufquetaire fe tienne droict ; & s'il faut marcher, qu'il parte du pied gauche, & marche refolument. Il doit porter fa mefche de la main gauche , & mettre le bout qui eft allumé , s'ils ne le font tous deux , entre le petit doigt & le troifiefme ; & l'autre bout entre les deux autres doigts de fuite; tenir la fourchette, s'il en a une, avec le pouce & le premier doigt, laiffant paffer le fer de la fourchette au deffus de la croffe du moufquet.

Prenez garde à vous , Mousquetaires , & ne faites rien sans commandement.

PORTEZ BIEN VOS ARMES.

En mettant la main droiĉte fur le Moufquet , il faut laiffer couler le moufquet environ quatre doigts vers la ceinture de l'homme ; & tourner un peu le deffus de la main gauche en dedans ; lever la main droiĉte fort haute , & la porter gravement & de bonne grace, contre le derriere du baffinet , empoignant le moufquet à pleine main.

METTEZ

METTEZ LA MAIN DROICTE SVR LE MOVSQVET.

B

Pour porter le mousquet haut il faut lascher la main gauche ; & de la main droicte seule le lever haut, en lâchant le pied droict en arriere, & se tournant un peu à droict, tenir le mousquet tout droict.

PORTEZ LE MOVSQVET HAVT.

B ij

Pour joindre la fourchette au moufquet , il la faut porter vers le
cofté droiƈ ; puis baiſſer vn peu la main droiƈe & le moufquet , &
l'appuyer contre la fourchette , en ſorte que l'une des branches de la
fourchette preſſe contre le moufquet ; & que l'autre ſoit pouſſée ferme
auec le bout du pouce gauche , à fin que le baſton de la fourchette
ſoit joint à la croſſe du moufquet en dedans ; & que lors qu'il faudra
quitter le moufquet de la main droiƈe , pour prendre la meſche ; la
fourchette & le moufquet ſoient inſeparables ; eſtans ſouſtenus ſeulement de la main gauche .

IOIGNEZ LA FOVRCHETTE AV MOVSQVET.

Pour prendre la mefche , il faut lafcher le moufquet de la main droicte ; & avecque le pouce & le premier doigt prendre la mefche, environ trois travers de doigt prés de l'un des bouts, allumé , ou non allumé , felon le commandement ; & faire que le bout foit dans le creux de la main droicte.

PRENEZ LA MESCHE.

Pour souffler la mesche il faut lever la main droicte jusques aupres des levres, portant la teste & la main le plus pres du bassinet
qu'il se pourra, à fin qu'en soufflant il ne tombe point de feu dans
le bassinet, qui le pourroit faire tirer avant le temps ; puis souffler
un peu fort à fin que le charbon de la mesche se descouvre.

SOVFFLEZ

SOVFFLEZ LA MESCHE.

C

Il faut mettre la mefche fur le ferpentin fans bouger la main gauche, de laquelle feule on tient le moufquet ; & mettre la mefche en forte qu'elle tienne ferme ; à fin qu'elle ne s'en puiffe ofter d'elle-mefme ; car cela arrivant, l'on feroit bien fouvent furpris lors qu'il faudroit tirer.

METTEZ LA MESCHE SVR LE SERPENTIN.

C ij

Pour mefurer la mefche, il faut apres l'avoir mife fur le ferpentin, baiffer le ferpentin avecque la main droicte, & faire en forte que la mefche porte dans le milieu du baffinet ; puis laiffer aller le ferpentin à fa place.

MESVREZ LA MESCHE.

Il faut mettre les deux premiers doigts de la main droiᛛe ſur le baſſinet pour le couvrir ; & appuyer le pouce au derriere du baſſinet, à
fin de ſupporter plus facilement le mouſquet , duquel on portera toûjours le bout fort haut ; l'eſloigner du corps , & tenir les deux mains,
avecque le mouſquet , fort en arriere ſur le coſté droiᛛ.

L'on couvre le baſſinet à fin qu'il ne puiſſe tomber de feu dedans
qui pourroit faire tirer le mouſquet avant le temps.

METTEZ LES DEVX DOIGTS SVR LE BASSINET.

Pour souffler la mesche cette seconde fois , il faut , sans oster les deux doigs de sur le bassinet , lever le mousquet avec les deux mains, & l'approcher des levres , tournant la teste un peu en arriere du costé droict, & le plus loing du corps qu'il se peut souffler.

SOVFFLEZ

SOVFFLEZ LA MESCHE.

D

Il faut , apres avoir foufflé la mefche cefte feconde fois , rebaiſſer les mains & le mouſquet , & ouvrir le baſſinet avec les deux doigts qui le couvrent.

OVVREZ LE BASSINET.

Pour coucher en jouë , il faut appuyer le bout d'en bas de la fourchette contre terre , un peu àvancé, en forte que la fourchette panche
vers le Moufquetaire ; mettre le moufquet dans la fourchette , tenant
toûjours le pouce gauche appuyé contre le bout de la branche de la
fourchette qui eft en dehors ; tenir le moufquet de la main droicte
ayant le pouce au deffus de la croffe , & tenant la deftente avecque le
refte de la main ; appuyer le bout de la croffe contre l'eftomac ; plier
le genoüil gauche fort en avant ; avancer l'efpaule droicte ; lever le
coude droicte ; & fe tenir le plus ferme qu'il fe peut en cette pofture.

Et lors qu'on commandera de tirer , faudra preffer contre la gafche
ou deftente , jufqu'à ce que le bout de la mefche qui eft fur le ferpentin porte dans le baffinet, & faffe prendre l'amorce qui eft dedans.

COVCHEZ EN IOVË.   TIREZ.

Pour retirer les Armes , il faut baiffer la croffe du moufquet ; lever de terre le bout de la fourchette ; l'appuyer contre la croffe du mouf-quet en dedans ; appuyer ferme le pouce gauche contre le bout de la branche de la fourchette , à fin qu'elle tienne ferme contre le mouf-quet, & le porter en la mefme pofture qu'il eftoit avant que de mettre en jouë.

RETIREZ VOS ARMES.

Pour remettre la meſche en ſon lieu , il la faut reprendre avec le pouce & le premier doigt de la main droiƈe , de la meſme façon que l'on l'a priſe pour la mettre ſur le ſerpentin ; puis la remettre entre le petit doigt & le troiſieſme de la main gauche .

PRENEZ

PRENEZ LA MESCHE, ET LA REMETTEZ
EN SON LIEV.

E

Pour fouffler dans le baffinet , il faut prendre le moufquet avec la
main droicte au derriere du baffinet , & le lever ainfi qu'il a efté dit
cy-devant ; fouffler dedans , à fin qu'il n'y demeure pas quelque eftin-
celle de feu qui pourroit allumer le poulverain quand on amorce , &
brufler la main. Ayant foufflé , il faut remettre le moufquet en la pofture où il eftoit auparavant.

SOVFFLEZ DANS LE BASSINET.

E ij

Le poulverain eſt une charge percée par le bout , attachée tout au fond de la bandoüilliere , dans laquelle il y doit avoir de la poudre eſcrafée fort menu à fin qu'elle puiſſe prendre plus facilement ; on le prendra avec toute la main droiɛte .

PRENEZ LE POVLVERAIN.

Pour amorcer , il ne faut que renverſer le poulverain dans le baſſinet , juſqu'à ce qu'il ſoit remply d'amorce.

AMORCEZ.

Il faut fermer le baſſinet avecque la main droicte , ſans bouger le
mouſquet.

FERMEZ

FERMEZ LE BASSINET.

F

Pour fouffler fur le baffinet, il faut porter la main droicte fur la croffe
contre le derriere du baffinet ; puis lever le moufquet jufqu'aupres des
levres, & fouffler fort deffus, de-peur qu'il n'y demeure quelque grain
de poudre, qui pourroit faire tirer le moufquet quand on mefure la
mefche apres l'avoir mife fur le ferpentin.

SOVFFLEZ SVR LE BASSINET.

F ij

Pour tourner les Armes derriere du cofté gauche, il faut porter le pied droict en avant, en deftournant un peu à gauche ; & d'un mefme temps porter le moufquet à gauche, la croffe en bas, avecque les deux mains, en forte que la baguette foit en deffus ; & tenir toûjours le pouce gauche appuyé ferme contre le bout de la branche de la fourchette; à fin que la fourchette demeure jointe contre la croffe du moufquet, laquelle ne doit pas toucher à terre.

TOVRNEZ VOS ARMES DERRIERE DV
COSTE' GAVCHE.

F iij

Il faut prendre une des charges pendantes à la bandoüilliere, où il y ait de la poudre, avecque la main droicte.

PRENEZ LA CHARGE.

Il faut tourner un peu la teſte à droiƈt ſans la baiſſer; porter la charge à la bouche avec la main droiƈte, & l'ouvrir avecque les dents.

C'eſt une neceſſité de l'ouvrir de ceſte ſorte, d'autant que les deux mains ſont occupées ; la gauche à tenir le mouſquet, & la droiƈte, la charge.

OVVREZ

OVVREZ LA CHARGE AVEC LES DENTS.

G

Il faut verſer la poudre qui eſt dans la charge, dans le mouſquet ; en mettant le bout de la charge qui eſt ouvert, dans la bouche du mouſquet, & frappant avec la main droicte ſur le fond de la charge, à fin qu'il ne reſte point de poudre dedans ; puis oſter la charge, la laiſſant pendre à la bandoüilliere.

METTEZ LA CHARGE DANS LE MOVSQVET.

G ij

Il faut prendre la baguette avec la main droicte à pleine main, mettant le pouce en deffous, & le petit doigt en haut ; & la tirer en trois
temps, à fin de la fortir de fa place avec plus de facilité.

TIREZ LA BAGVETTE EN TROIS TEMPS,

G iij

Il faut, en levant la baguette haute, allonger fort le bras droict, &
tourner en bas le gros bout de la baguette, qui est en haut.

LEVEZ LA BAGVETTE HAVTE.

Il faut frapper le gros bout de la baguette contre l'eftomac, & la laiffer couler dans la main, jufqu'à deux travers de doigt du gros bout,
à fin qu'il foit plus facile de la mettre dans le moufquet, lors qu'il fera
commandé.

FRAPPEZ

FRAPPEZ LA BAGVETTE CONTRE L'ESTOMAC.

H

Il faut mettre le gros bout de la baguette dans le mousquet, & la laisser descendre jusqu'à ce qu'elle trouve la charge qui est dedans; puis frapper bien fort trois ou quatre coups, avec la baguette, sur la poudre qui est dans le mousquet.

Il se fait un commandement particulier pour bourrer, mais d'autant que les representations n'ont point de mouvement, j'ay joint ces deux ensemble.

METTEZ LA BAGVETTE DANS LE MOVSQVET.
BOVRREZ.

Pour tirer la baguette hors du mousquet il la faut prendre avec la main droicte à pleine main , le pouce en dessous & le petit doigt en haut , & la sortir hors du mousquet en trois temps.

TIREZ LA BAGVETTE HORS DV MOVSQVET
EN TROIS TEMPS.

H iij

En levant cefte feconde fois la baguette haute, il faut tourner le gros bout en haut en allongeant le bras droiɛt.

LEVEZ LA BAGVETTE HAVTE.

4

En frappant cefte feconde fois la baguette contre l'eftomac, il la faut encore laiffer couler dans la main, jufqu'à un grand pied prés du bout ; à fin qu'on la remette plus facilement en fon lieu.

FRAPPEZ LA BAGVETTE CONTRE L'ESTOMAC.

I

Il faut, apres avoir remis la baguette en son lieu, frapper dessus du plat de la main droiête, à fin qu'elle ne puisse pas tomber.

METTEZ LA BAGVETTE EN SON LIEV.

I ij

Pour prendre le moufquet de la main droiƈte, il le faut lever avec
la gauche , & le tourner comme il eſt repreſenté par ceſte figure.

PRENEZ LE MOVSQVET DE LA MAIN DROICTE.

I iij

Pour lever le moufquet haut, il le faut dreſſer tout droiɛt, & d'un meſme temps porter le pied & le bras droiɛt fort allongez en arriere, en ſe tournant à droiɛt le plus gravement qu'il ſe pourra.

LEVEZ LE MOVSQVET HAVT.

Pour executer ce commandement, il faut d'un mefme temps remettre le pied droiƈt en fa place, & porter gravement le moufquet fur l'efpaule gauche ; puis remettre la main gauche fur la croffe, & laiffer
pendre la droiƈte, comme il a efté dit en la premiere figure ; & comme il eft reprefenté par la figure fuivante.

METTEZ

METTEZ LE MOVSQVET SVR L'ESPAVLE.

K

EXERCICE DE LA PIQVE.

Pour dreſſer les Piquiers au maniment de leurs Armes, & s'en ſervir pour tous les mouvemens & preſentations neceſſaires pour la guerre, il faut commencer à leur enſeigner comme ils ſe doivent camper, ainſi qu'il eſt repreſenté par ceſte figure, qui tient la pique en terre. Ce que pour bien executer, le Soldat tenant la pique en terre avec la main droicte, doit avoir ſa main au droict de l'œil ; que la pique ſoit eſlevée droictement ; & que le talon d'icelle ſoit à coſté de la poincte du pied droict.

La pique doit toûjours eſtre portée avecque la main droicte, en la pluſ-part des commandemens.

PIQVE EN TERRE.

Pour prefenter la pique, il faut porter la main gauche une braffée au deffous de la droicte , & lâcher en mefme temps le pied droict un pas derriere le gauche ; prendre le talon de la pique avec la main droicte ; puis baiffer la pique tant que le fer d'icelle foit à la hauteur de la ceinture d'un homme, ou du poitral d'un cheval; plier fort le genoüil gauche ; tourner la poincte des pieds en dehors ; & appuyer la pique fur le coude gauche. En cefte pofture le Soldat fera ferme pour refifter à ce qui pourroit le choquer.

Si l'on fait commandement de donner , ayant la pique prefentée , il faut que les Soldats partent du pied gauche, & marchent refolument, portans leurs piques fermes, fans allonger aucune eftocade.

PRESENTEZ LA PIQVE EN AVANT.

Pour fe remettre, il faut renverfer la pique, portant le fer qui eft devant en arriere ; lâcher le talon de la pique, & porter la main droiête
où elle eftoit avant que de la prefenter ; dreffer la pique toute droiête
avec les deux mains ; lever le pied droiêt, & en le rejoignant à l'autre,
porter en mefme temps la pique en terre de la main droiête feule, & le
Soldat fera remis.

Pour prefenter la pique à droiêt, il faut, en levant la pique de terre,
porter le pied & la main droiête en arriere, en fe tournant à droiêt ;
porter la main gauche une braffée au deffous de la droiête ; porter encore le pied droiêt un pas en arriere ; prendre le talon de la pique avec
la main droiête, & la prefenter.

Pour fe remettre, il faut dreffer la pique toute droiête, & en portant
le pied droiêt un pas en avant, lâcher le talon de la pique & la prendre
avec la main droiête, une braffée au deffus de la gauche ; porter le pied
droiêt en fa place ; & d'un mefme temps remettre la pique en terre.

Pour prefenter la pique à gauche, il faut obferver les mefmes temps
pour les mains, & lâcher feulement le pied droiêt en arriere en fe tournant à gauche.

Et pour fe remettre, obferver ce qui a efté dit cy-deffus.

REMETTEZ

REMETTEZ VOVS.

L

Pour faire le demy-tour, foit à droiɛ̃t, foit à gauche, & prefenter la pique, tant eftant pique en terre, pique haute, que pique de biais, il faut obferver les mefmes temps des mains & des pieds que fi on faifoit à droiɛ̃t, ou à gauche.

DEMY-TOVR A DROICT, PRESENTEZ LA PIQVE.

L ij

Pour se remettre de toutes les presentations cy-dessus, il faudra toûjours observer trois temps de la main, & deux du pied droict seulement ; car le gauche ne doit jamais bouger de sa place, tandis qu'on sera de pied ferme.

Si l'on fait marcher ayant la pique en terre, il faut toûjours partir du pied gauche ; & porter le pied droict & la pique en terre d'un mesme temps, & les en lever de mesme.

REMETTEZ VOVS.

L iij

Pour porter la pique haute, il la faut tenir de la main droicte par le talon ; & pour faire les presentations, & se remettre, il faut observer la mesme chose qu'ayant la pique en terre.

HAVT LA PIQVE.

Pour porter la pique de biais, il la faut prendre au contrepoids avec la main droiƈte ; & porter le talon de la pique en avant à demy pied pres de terre.

Si l'on commande de prefenter la pique, on fera la mefme chofe, tant des mains que du pied droiƈt, que fi on avoit la pique en terre ; & pour fe remettre pareillement,

PIQVE DE BIAIS.

M

Pour porter la pique traînante le fer devant, il la faut prendre avec la main droiĉte à son contrepoids ; & baisser le talon de la pique qui est derriere, à demy pied pres de terre.

Pour presenter la pique en avant, il faut avancer le pied & la main droiĉte le plus avant que l'on peut ; porter la main gauche, pour en prendre la pique, une grande brasseé au dessous de la main droiĉte ; lâcher la main droiĉte, & d'un mesme temps porter le pied droiĉt en arriere ; puis prendre le talon de la pique avec la main droiĉte.

Pour se remettre, il faut lâcher la main droiĉte, & la porter sur la pique au mesme endroiĉt où elle estoit auparavant que d'en avoir pris le talon ; puis porter en mesme temps le pied droiĉt un grand pas en avant ; quitter la pique de la main gauche ; reporter le pied & la main droiĉte en arriere, tenant la pique de la main droiĉte seule ; puis remettre le pied & la main en leurs places.

Pour faire demy-tour à droiĉt & presenter la pique, il faut porter le pied & la main droiĉte fort en arriere d'un mesme temps ; les porter encore un autre pas en arriere en tournant ; porter la main gauche une brasseé au dessous de la droiĉte ; renverser la pique, & la prendre par le talon.

Pour se remettre, il faut renverser la pique le fer derriere ; lâcher la main droiĉte & la porter au contrepoids de la pique ; avancer le pied & la main droiĉte, en mesme temps, ayant le talon de la pique en avant, & reporter le pied & la main droiĉte en leurs places.

PIQVE TRAINANTE, LE FER DEVANT.

M ij

Pour porter la pique dardante, il la faut prendre de la main droiɛte au contrepoids, & que ce foit entre le pouce & le premier doigt, la laiflant couler au deflus du bras, le talon en arriere le plus pres de ter-re qu'il eſt poſſible.

Pour la prefenter, il faut porter le pied & la main droiɛte tout d'un temps un pas en arriere, en fe tournant un peu du cofté droiɛt; porter encore le pied & la main droiɛte en avant, fe tournant du cofté gau-che, paſſant la pique fans la tourner par deſſus la teſte ; porter la main gauche une braſſée au deſſus de la droiɛte ; reporter encore une fois le pied droiɛt, tenant la pique des deux mains, un grand pas en arriere en fe tournant du cofté droiɛt ; laſcher la pique de la main droiɛte & la prendre par le talon, la prefentant en avant.

Pour fe remettre, il faut porter le pied droiɛt en avant tenant la pi-que des deux mains, & fe tournant du cofté gauche ; porter la main droiɛte au deſſus de la gauche, & la faire gliſſer jufqu'à ce que l'on foit au contrepoids d'icelle ; quitter la pique de la main gauche ; porter le pied & la main droiɛte en mefme temps en arriere, & fe tourner du cofté droiɛt en paſſant la main droiɛte par deſſus la teſte ; avancer le pied & la main en leur lieu.

Pour faire demy-tour à gauche, il faut porter le pied & la main droiɛte en arriere, fe tournant un peu à droiɛt ; porter encore le pied & la main droiɛte en avant, fe tournant du cofté gauche; & paſſant la main par deſſus la teſte, prendre la pique de la main gauche une braſ-fée au deſſous de la droiɛte ; laſcher la main droiɛte & en prendre la pique par le talon pour la prefenter.

Pour fe remettre, il la faut renverfer tournant le fer derriere ; lever la pique toute plate de la main gauche, & en la levant, la prendre de la main droiɛte entre les deux doigts fufdits; gliſſer la main droiɛte juf-qu'au contrepoids, portant le pied & la main droiɛte en arriere fe tour-nant à droiɛt, & ayant lafché la pique de la main gauche ; puis porter le pied & la main droiɛte en leur lieu.

Pour faire de là haut la pique, il faut faire la mefme chofe que fi vous la vouliez prefenter en avant, pour les temps du pied & des mains.

PIQVE DARDANTE.

Ayant la pique haute, pour la porter trainante le fer derriere du costé gauche, il faut porter le pied droict un pas en avant, se tournant un peu du costé gauche ; & d'un mesme temps porter la main gauche une brassée au dessus de la droicte ; baisser le fer de la pique jusques en terre ; lâcher la main droicte, reporter en mesme temps le pied droict en sa place, & tourner le visage où il estoit.

Pour faire demy-tour à gauche & presenter la pique, il faut porter le pied droict en avant, en se tournant à gauche ; prendre la pique de la main droicte par le talon & la presenter.

Pour se remettre, il faut d'un mesme temps reporter le pied droict en sa place & lâcher la main droicte.

L'on se sert de ceste façon de porter la pique, pour les retraictes.

PIQVE

PIQVE TRAINANTE, LE FER DERRIERE, DV COSTE' GAVCHE.

N

Pour mettre la pique en defenfe contre la Cavallerie , il faut appuyer le talon de la pique contre le pied droiɛt ; avancer le pied gauche un grand pas en avant ; prendre la pique de la main gauche environ au contrepoids ; plier fort le genoüil de devant ; baiffer le fer de la
pique à la hauteur du poitral d'un cheval, & mettre l'efpée à la main
par deffus le bras gauche.

C'eft en cefte pofture qu'on peut mieux refifter à la Cavallerie.

PIQVE EN DEFENSE CONTRE LA CAVALLERIE.

Apres avoir fait pique en defenfe contre la Cavallerie , pour faire
remettre les Piquiers piques en terre, qui eft la premiere pofture où ils
eftoient lors qu'ils ont commencé le maniment de leurs Armes ; il faut,
s'ils ont mis l'efpée à la main, la remettre dans fon fourreau ; prendre la
pique avec la main droicte , au deffus de la main gauche , de laquelle
il faut en mefme temps lâcher la pique ; redreffer la pique , fon talon
eftant toûjours en terre ; puis porter tout d'un temps, le pied droict &
la pique , à cofté du pied gauche ; & les Piquiers feront remis en leur
premiere pofture , comme monftre cette figure ; & le Maniment des
Armes fera achevé .

Ceux qui leur feront les commandements les pourront faire de fuite
comme ils font dans ce Livre, fi bon leur femble, finon commencer
par tel qu'ils voudront, n'y ayant rien qui les oblige à fuivre cet ordre.

Mais d'autant qu'il n'a pas efté enfeigné au difcours precedent, en
quelle pofture les Piquiers doivent eftre, pour mettre les piques en defenfe contre la Cavallerie, on remarquera qu'apres que les Piquiers ont
faict Pique trainante, le fer derriere, du cofté gauche, qu'il les faut
faire remettre la pique en terre, comme eft cette figure ; ce qu'ils feront en portant d'un mefme temps la main droicte fur le t
	on de la
pique, & le pied droict en avant, en fe tournant à gauche ; puis lever
la pique toute droicte avecque les deux mains ; lâcher la main gauche,
& la porter une braffée plus haut ; lâcher encore la main droicte, & la
porter une autre braffée plus haut ; puis en fe tournant à droict, lâcher
la main gauche, & reporter tout d'un temps le pied & la main droicte
un grand pas en arriere ; puis porter auffi toft le pied droict au-droict
de l'autre, en mettant le talon de la pique en terre .

FIN DV MANIMENT DES ARMES.

EVOLVTIONS

EVOLVTIONS

APRES avoir dreffé les Soldats au maniment de leurs armes, il eſt neceſſaire de leur monſtrer les EVOLVTIONS, pour le beſoin qu'on en peut avoir en pluſieurs actions de guerre, ſoit à doubler les rangs, demy-rangs, quarts de rangs : files, demy-files, quarts de files : converſions, & contremarches, par files, & par rangs; toutes motions utiles, tant à former les bataillons contre la cavallerie & contre l'infanterie, qu'à gaigner, ou quitter un terrain, ſelon la neceſſité, & les avantages qu'on en peut prendre. Et parce que dans la ſuite il ſe trouvera quelques mouvemens qui ne ſont pas abſolument neceſſaires, il me ſuffit pour juſtifier la raiſon pourquoy je les ay mis en ce lieu, de dire qu'outre le plaiſir qu'il y a de les voir practiquer, ils ſervent encore à rendre les Soldats plus adroicts, ce qui n'eſt pas un petit avantage; mais la plus forte conſideration qui m'a obligé de ne les laiſſer point en arriere, eſt la pratique que j'en ay veu faire au plus grand Roy du monde, duquel i'ay eu l'honneur d'apprendre le peu que je ſçay dans ce meſtier.

Apres avoir fait le maniment des armes, il faut avant que de commencer les Evolutions, remettre le bataillon en ſon premier eſtat, les Piquiers au milieu, & les Mouſquetaires ſur les deux flancs, ce qui ſe fera commodement apres avoir fait prendre les armes à tous les Soldats, par ce commandement.

A VOS ARMES, TOVT LE MONDE.

Les Soldats ayans pris leurs armes, il faut commander le ſilence, lequel n'eſtant point obſervé, les commandements ne ſeroient pas ouïs, & tout iroit en deſordre; il faut auſſi empeſcher que perſonne ne quitte ſon rang, ny fa file, ny ne tourne la tefte deçà ou delà, n'y ayant rien qui foit de plus mauvaife grace. Puis pour remettre le Bataillon, faire les commandemens qui fuivent.

PORTEZ VOS ARMES, MOVSQVETAIRES.

HAVT LA PIQVE.

LE DEMY RANG DES MOVSQVETAIRES DE MAIN GAVCHE, A GAVCHE.

A DROICT, PIQVIERS.

CEVX QVI ONT FAICT A DROICT ET A GAVCHE, MARCHENT PAR LES INTERVALES DES RANGS.

Il faut qu'ils marchent jufques à ce que les Piquiers foient joints au demy-rang de Moufquetaires qui n'a bougé de fon terrain, & que les Moufquetaires qui ont marché foient hors des rangs des Piquiers.

ALTE.

A DROICT, MOVSQVETAIRES QVI ONT MARCHE'.

A GAVCHE, PIQVIERS.

METTEZ VOS PIQVES EN TERRE.

DRESSEZ VOS FILES ET VOS RANGS.

Ce commandement eftant fait, il faut dire aux Officiers & Sergens, de les faire tousjours tenir en eftat.

NE FAITES RIEN SANS COMMANDEMENT.

Ce commandement eft neceffaire, dautant que fi châcun faifoit à fa tefte, il fe pourroit rencontrer qu'il fe feroit divers mouvemens à la fois, ce qui cauferoit de la confufion.

PORTEZ BIEN VOS ARMES.

Ce qu'il faut faire pour les bien porter, eft dit ailleurs.

A DROICT.

L'on fait d'ordinaire quatre fois ce commandement, à fin qu'à la derniere, le front se trouve où il estoit au commencement. Pour faire à droit, il ne faut que tourner sur le pied gauche, & porter le pied droit gravement à costé;

Les Piquiers doivent porter la main & la pique, en la posant à terre, en mesme temps que le pied droit.

A GAVCHE.

Pour faire à gauche, il faut observer la mesme chose que dessus, pour les temps du pied & de la main.

DEMY TOVR A DROICT.

L'instruction pour faire demy tour à droiét, & pour se remettre, soit en presentant les armes, ou autrement, est escrite au traiété du Maniment des armes.

DEMY TOVR A GAVCHE.

Ce qu'il faut faire, pour faire demy tour à gauche, & pour se remettre, est pareillement monstré audit traiété du Maniment des armes.

Le Bataillon estant remis à son premier front, il faut faire mettre les mousquets sur l'espaule, si l'on les a presentez, & les piques en terre, en la sorte qu'il est escrit au traiété susdit.

PORTEZ VOS ARMES, MOVSQVETAIRES.

PIQVES EN TERRE.

Advertissez les rangs qui doivent doubler, Sergens.

Celuy qui commande, doit à tous les commandemens qu'il fait, donner cet ordre aux Sergens, à fin que les Soldats ne soient pas surpris.

HAVT LA PIQVE, LES RANGS QVI DOIVENT DOVBLER.

Il faut, pour doubler les rangs, ſi le bataillon eſt à huict de hauteur, que ce ſoient le ſecond, le quatrieſme, le ſixieſme, & le huictieſme, qui doublent ; & s'il eſtoit à ſix, ou à dix de hauteur, il faudroit les faire doubler par le meſme ordre, laiſſant touſjours le premier, & ainſi l'vn entre l'autre, ſur leur terrain.

Il faut faire obſerver que les Soldats partent touſjours du pied gauche, & qu'ils ſe placent dans le milieu des diſtances des rangs, dans leſquels il doublent.

Pour remettre les rangs, il faut en partant faire le demy-tour à droit, Puis marcher du pied gauche, juſques à la place d'où on eſtoit party, où eſtans arrivez, il faut encore faire demy-tour à droict pour eſtre remis.

PRENEZ GARDE A VOVS LES RANGS QVI DOIVENT DOVBLER.

A DROICT DOVBLEZ VOS RANGS.

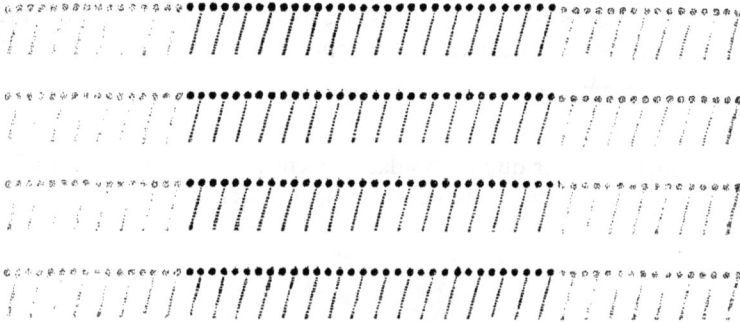

A DROICT REMETTEZ VOS RANGS.

Pour doubler les rangs à gauche, il faut obſerver la meſme choſe que deſſus.

Pour remettre les rangs, il faut en partant faire demy tour à gauche; puis marcher juſqu'à la place où on eſtoit avant que doubler, où eſtans arrivez, il faut encore faire demy tour à gauche pour eſtre remis.

A GAVCHE

A GAVCHE DOVBLEZ VOS RANGS.

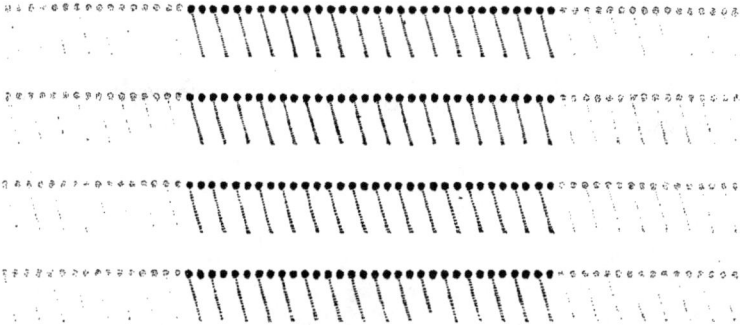

A GAVCHE REMETTEZ VOS RANGS.

METTEZ VOS PIQVES EN TERRE.

CEVX QVI N'ONT PAS DOVBLE', HAVT LA PIQVE.

Avertiſſez les rangs qui doiyent doubler en arriere.

P

Pour doubler les rangs en arriere , le premier doit doubler dans le
fecond , le troifiefme dans le quatriefme , & les autres de fuite , par
· le mefme ordre ; & ceux qui doublent fe doivent tousjours placer au
milieu des diftances ; en partant ils doivent faire demy-tour à droict
tout d'un temps , & la mefme chofe en arrivant dans les rangs où
ils doublent.

Pour remettre les rangs , il ne faut que marcher jufques à la place
d'où on eftoit parti.

Prenez garde à vous , pour doubler les rangs en arriere.

A DROICT DOVBLEZ VOS RANGS EN ARRIERE.

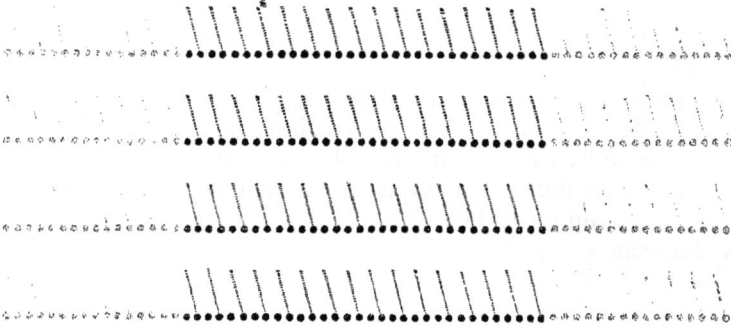

REMETTEZ VOS RANGS.

Pour doubler les rangs à gauche, en arriere, il faut obferver la mefme chofe que deffus, excepté qu'il faut faire le demy-tour à gauche.

Pour remettre les rangs, il ne faut que marcher jufqu'à la place d'où on eftoit party.

A GAVCHE, DOVBLEZ VOS RANGS EN ARRIERE.

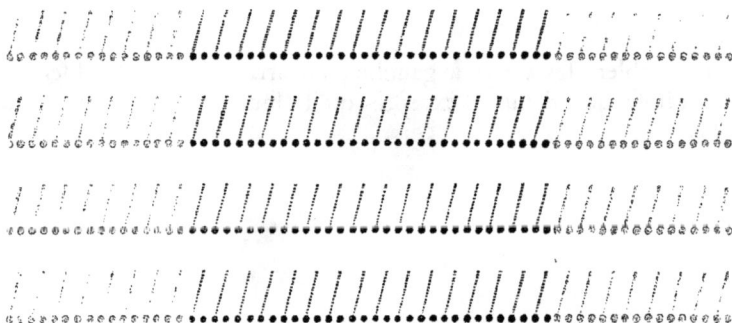

REMETTEZ VOS RANGS.

METTEZ VOS PIQVES EN TERRE.

HAVT LA PIQVE, DEMY-FILE.

Avertiſſez le Serre-file, pour doubler les rangs.

P iij

Pour doubler les rangs à droict, par ferre-file, il faut que le dernier rang parte du pied gauche , que châque foldat marche par la file, qui eft à fa droiête , & fe place dans le milieu des diftances du premier rang ou chef de file , que le rang qui eft devant le ferre-file fe place dans le fecond rang , & ainfi de fuite, jufques à ce que les demy-files foient dans les ferre demy-files, laiffant tousjours paffer celuy qui eft derriere-foy le premier.

Pour fe remettre , il faut que tout ce qui a doublé faffe demy-tour à droiêt d'un mefme temps , & que les demy-files fe remettent les premiers , & les rangs les plus proche d'eux en fuite , à fin de laiffer le paffage libre à ceux qui viennent derriere.

Serre-file , prenez garde à vous, pour doubler vos rangs.

A DROICT PAR SERRE-FILE DOVBLEZ VOS RANGS.

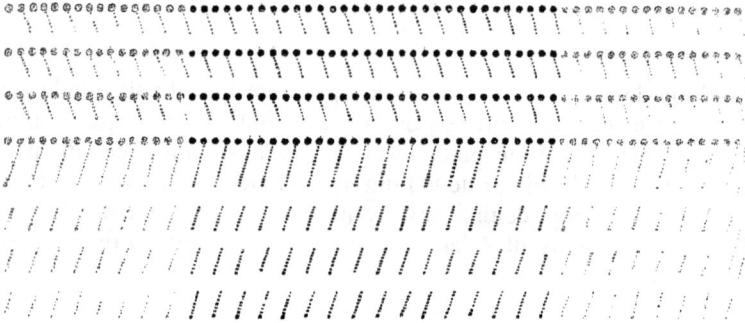

DEMY-FILE A DROICT REMETTEZ VOS RANGS.

Pour doubler les rangs à gauche, par ferre-file , il faut obferver la méfme chofe que deffus.

Il faut fe remettre par le demy-tour à gauche, comme deffus.

DEMY-FILE

A GAVCHE, PAR SERRE-FILE, DOVBLEZ VOS RANGS.

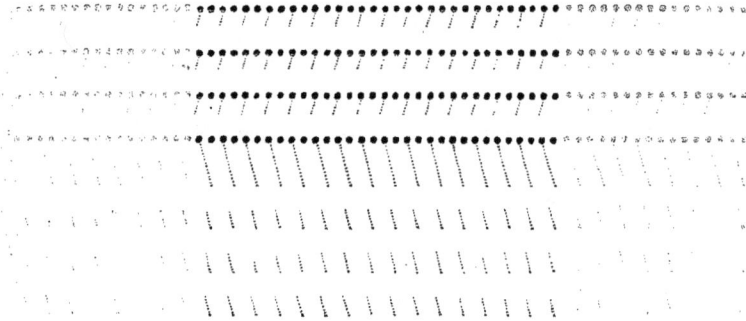

DEMY-FILE, A GAVCHE, REMETTEZ VOS RANGS.

METTEZ VOS PIQVES EN TERRE.

CEVX QVI N'ONT PAS DOVBLE', HAVT LA PIQVE.

Avertiſſez pour doubler les rangs par Chefs de files.

Q

Pour doubler les rangs par Chefs de file, il faut que le premier rang faffe demy-tour à droict, & haut la pique, en tournant; dequoy il le faut avoir averty, auparavant qu'il marche par les intervales, jufqu'à ce qu'il foit dans le dernier rang, au Serre-file; & que tous les rangs qui font apres luy, jufqu'au Serre demy-file, le fuivent en la mefme forte, tant que les Serre demy-files foient placez dans la demy-file, & que là il faffent demy-tour á droict.

Il faut que les Serres demy-files fe remettent les premiers, pour laiffer le paffage libre aux autres; & qu'en fuite, ceux qui ont doublé fe remettent, châcun en fa place.

Chefs de files, prenez garde à vous, pour doubler les rangs.

A DROICT, PAR CHEFS DE FILES, DOVBLEZ VOS RANGS.

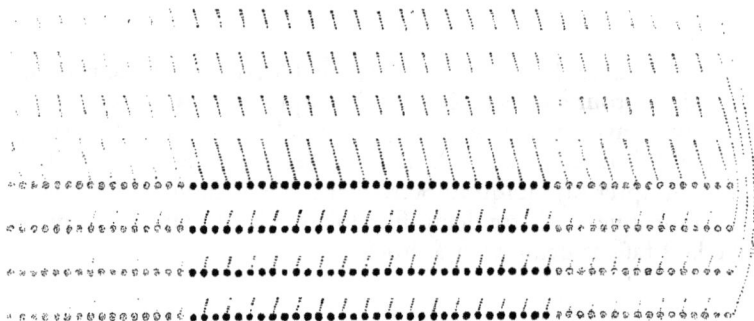

SERRE DEMY-FILE, REMETTEZ VOS RANGS.

Q ij

Pour doubler à gauche , il faut obferver ce que deffus , excepté qu'il faut tourner à gauche.

Il faut fe remettre de mefme qu'en la precedente figure , les ferre demy-files les premiers.

A GAVCHE , PAR CHEFS DE FILES , DOVBLEZ VOS RANGS.

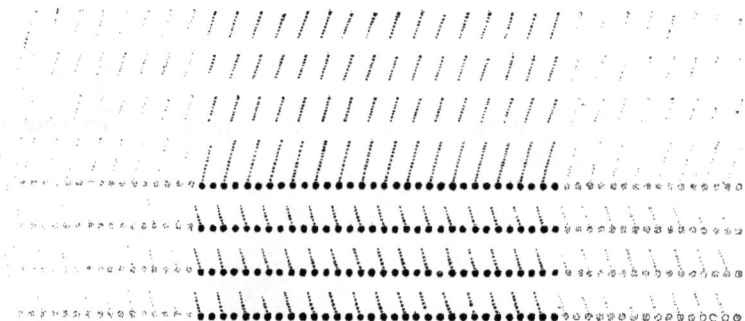

SERRE DEMY-FILE, REMETTEZ VOS RANGS.

METTEZ VOS PIQVES EN TERRE.

HAVT LA PIQVE , DEMY-FILE.

Avertiſſez le demy-file, pour doubler les rangs.

Q iij

Pour doubler les rangs par demy-file, il faut que les demy-files, partant de fur leur terrain, marchent par les intervalles, jufques dans le premier rang, & que les rangs qui font apres eux fe placent en fuite, de forte que le dernier rang fe trouve dans les ferre demy-files.

Pour fe remettre, il faut que tous ceux qui ont marché faffent demy-tour à droiét, & que les ferre-files partent les premiers, & marchent jufqu'à ce que depuis eux jufqu'aux demy-files, tout foit au lieu d'où ils eftoient partis, où ils feront encore demy-tour à droiét, & feront remis.

Demy-file , prenez garde à vous, pour doubler les rangs.

A DROICT, PAR DEMY-FILE , DOVBLEZ VOS RANGS.

SERRE-FILE, A DROICT, REMETTEZ VOS RANGS.

Pour doubler à gauche, par demy-file, il faut obferver la mefme chofe que deffus.

Il faut fe remettre par le demy-tour à gauche.

A GAVCHE

A GAVCHE, PAR DEMY-FILE, DOVBLEZ
VOS RANGS.

SERRE-FILE, A GAVCHE, REMETTEZ
VOS RANGS.

METTEZ VOS PIQVES EN TERRE.

CEVX QVI N'ONT PAS DOVBLE', HAVT LA PIQVE

Avertiſſez le ſerre demy-file, pour doubler les rangs.

R

Pour doubler les rangs par, ferre demy-files, il faut que depuis le ferre demy-file, jufqu'au chef de file, ils faffent demy-tour à droict, & qu'ils
marchent par les intervales des files, jufqu'à ce que les ferres demy-files
foient dans les ferre-files, & les chefs de files, dans les demy-files, où ils
feront demy-tour à droict.

Les chefs de files doivent marcher les premiers, pour remettre leurs
rangs; & en fuite les autres, jufqu'à ce que les ferre demy-files fe trouvent en leurs places.

Prenez garde à vous, ferre demy - files, pour doubler les rangs.

A DROICT, PAR SERRE DEMY-FILE, DOVBLEZ VOS RANGS.

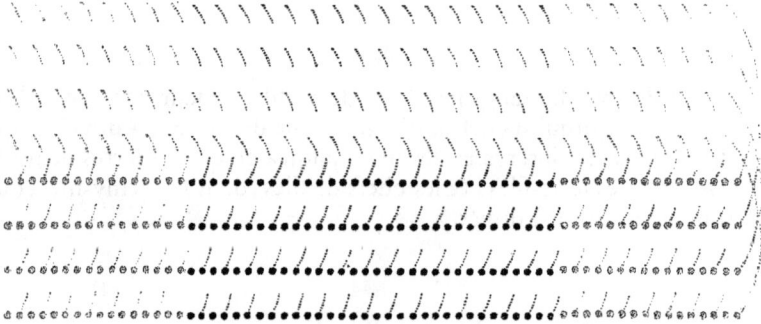

CHEFS DE FILES, REMETTEZ VOS RANGS.

Pour doubler les rangs à gauche , par ferre demy - file, on obfervera ce qui a efté dit en la figure precedente , excepté qu'on fera le demy - tour à gauche.

Il faut fe remettre comme il a efté dit cy - deffus.

A GAVCHE, PAR SERRE DEMY-FILE, DOVBLEZ VOS RANGS.

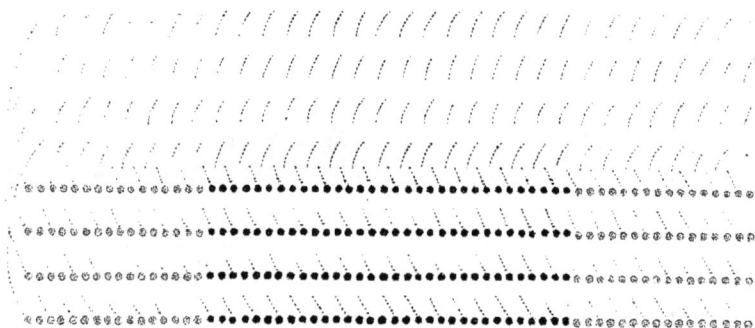

CHEFS DE FILES, REMETTEZ VOS RANGS.

METTEZ VOS PIQVES EN TERRE.

Avertiffez les quarts de files de la tefte & de la queuë, pour doubler les rangs, fur les quarts de files du milieu.

HAVT LA PIQVE, QVARTS DE FILES DE LA TESTE ET DE LA QVEVE.

R iij

Pour doubler les rangs à droict , par quarts de files de la teste, & de la queuë , fur les quarts de files du milieu , il faut que depuis les chefs de files, jufqu'au ferre demy-file , les quarts de files faffent demy-tour à droict , & qu'apres, tout d'un temps, les quarts de files de la queuë & ceux de la teste, aillent doubler dans les rangs du milieu , qu'ils prennent le milieu des diftances , & que ceux qui ont fait demy-tour à droict , faffent encore demy-tour à droict.

Pour remettre les rangs , les quarts de files de la queuë, feront demy-tour à droict , puis ceux de la teste, & eux, marcheront tout d'un temps à leur places , & fe remettront.

Quarts de files de la tefte & de la queuë, prenez garde à vous, pour doubler les rangs fur les quarts de files du milieu.

QVARTS DE FILES DE LA TESTE ET DE LA QVEVE, A DROICT, DOVBLEZ VOS RANGS, SVR LES QVARTS DE FILES DV MILIEV.

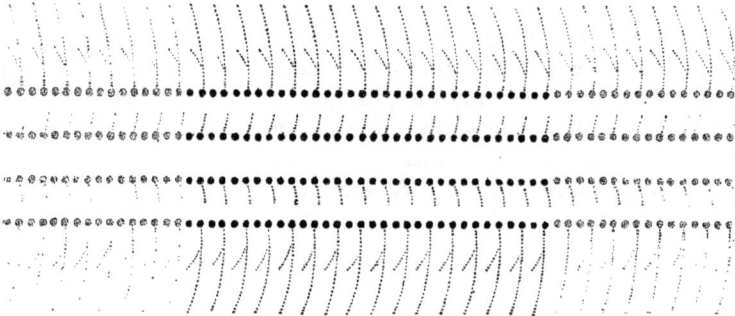

CHEFS DE FILES, ET SERRE-FILES, A DROICT, REMETTEZ VOS RANGS.

Pour doubler les rangs à gauche, par quarts de files de la tefte & de la queuë, fur les quarts de files du milieu, on obfervera ce qui eft dit en la figure precedente, excepté que les quarts de files de la tefte feront le demy-tour à gauche.

Pour fe remettre, il faut que les quarts de files de la queuë faffent demy-tour à gauche, & qu'apres ils obfervent ce qui eft dit en la figure precedente.

A GAVCHE

A GAVCHE, PAR QVARTS DE FILES DE LA TESTE ET DE LA QVEVE, DOVBLEZ VOS RANGS, SVR LES QVARTS DE FILES DV MILIEV.

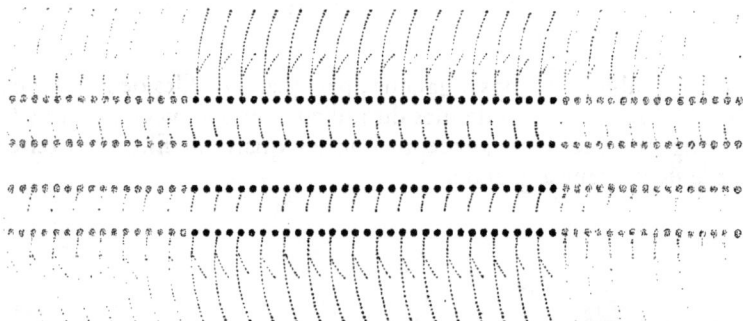

CHEFS DE FILES, ET SERRES FILES, REMETTEZ VOS RANGS.

METTEZ VOS PIQVES EN TERRE.

CEVX QVI N'ONT PAS DOVBLE', HAVT LA PIQVE.

Avertiſſez les quarts de files du milieu , pour doubler les rangs, ſur les quarts de files de la reſte & de la queuë.

S

Pour doubler les rangs par quarts de files du milieu, les demy-files feront demy-tour à droiét; puis les quarts de files du milieu marcheront enfemble, tout d'un temps, jufqu'à ce qu'ils ayent doublé dans les rangs de la tefte & de la queuë; où ceux qui ont fait demy-tour à droiét, feront encore demy-tour à droiét.

Pour fe remettre, les ferre demy-files, feront demy-tour à droiét; puis les quarts de files du milieu, marcheront tous, en mefme temps, en leurs places, où ils fe remettront.

Prenez garde à vous , quarts de files du milieu , pour doubler les rangs , fur les quarts de files de la tefte & de la queuë.

QVARTS DE FILES DV MILIEV, A DROICT, DOV-BLEZ VOS RANGS, SVR LES QVARTS DE FILES DE LA TESTE ET DE LA QVEVE.

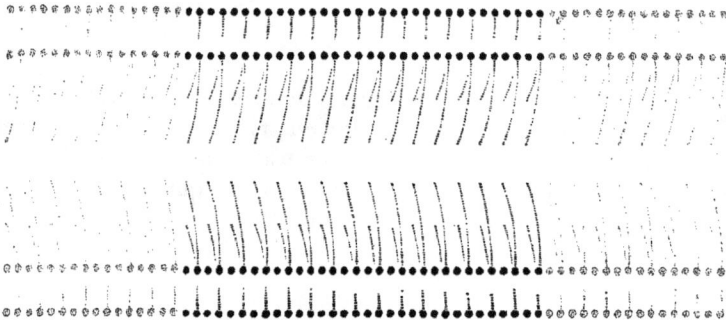

DEMY-FILES, ET SERRE DEMY-FILES, REMET-TEZ VOS RANGS.

Pour doubler les rangs à gauche, par quarts de files du milieu , fur les quarts de files de la tefte & de la queuë , on obfervera ce qui a efté dit en la figure precedente ; excepté que les demy-files feront de-my-tour à gauche ; puis, apres que les quarts de files du milieu auront doublé dans les rangs de la tefte & de la queuë , ceux qui auront fait demy-tour à gauche , feront encore demy-tour à gauche.

Pour fe remettre , les ferre demy-files feront demy-tour à gauche ; puis les quarts de files du milieu , marcheront en leurs places , où ils fe remettront.

A GAVCHE, PAR QVARTS DE FILES DV MILIEV, DOVBLEZ VOS RANGS, SVR LES QVARTS DE FILES DE LA TESTE, ET DE LA QVEVE.

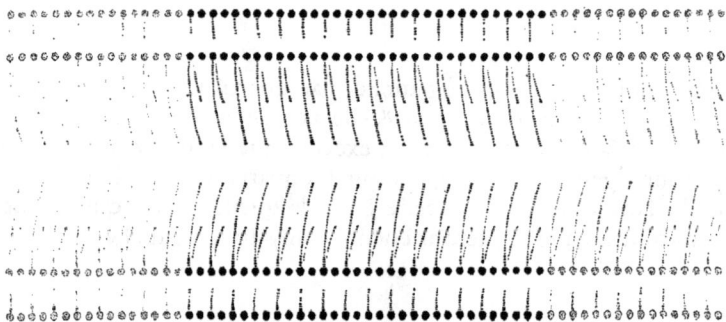

DEMY-FILES, ET SERRES DEMY-FILES, REMET-TEZ VOS RANGS.

METTEZ VOS PIQVES EN TERRE.

Ces commandemens se font pour faire serrer les files , en sorte qu'a-
pres que les demy-files ont doublé , il se trouve qu'il n'y a pas plus de
terrain occupé qu'auparavant.

Mais il faut remarquer , que pour faire , comme dit est , serrer les
files , il faut neantmoins commander de serrer les rangs ; parce qu'a-
pres que les quarts de rangs ont fait à droit & à gauche , ce qui estoit
file auparavant , est rang , jusqu'à ce qu'ils soient remis sur leur premier front.

Pour executer ce commandement , il faut partager les Mousquetaires de châque aisle , aux demy-rangs , châque aisle à part , & les faire
serrer entr'-eux ; & les Piquiers de mesme ; à fin qu'en doublant sur les
aisles , les Piquiers & les Mousquetaires ne soient point meslez ; Puis
pour les faire remettre sur leur premier front , on fait les commandemens qui sont au dessous de la figure.

Les petits poincts monstrent la place où ils estoient , avant qu'estre
serrez.

DEMY-RANG DE MAIN DROICTE, A GAVCHE.

DEMY-RANG DE MAIN GAVCHE, A DROICT.

SERREZ VOS RANGS EN AVANT, IVSQV'A LA POINTE DE L'ESPE'E.

DEMY-RANG DE MAIN DROICTE, A DROICT.

DEMY-RANG DE MAIN GAVCHE, A GAVCHE.

Avertiſſez le demy-file , pour doubler les rangs , ſur les aiſles.

HAVT LA PIQVE, DEMY-FILE.

Pour executer ce commandement , il faut que les demy - files se par-
tagent aux demy - rangs , que les demy - rangs de main droiéte , fassent à
droiét ; le demy-rang de main gauche , à gauche ; qu'ils marchent jusqu'à
ce qu'ils soient un pas hors de ceux qui n'ont bougé de sur leur terrain ; & qu'apres , le demy - rang de main droiéte , fasse à gauche ; celuy
de main gauche , à droiét ; & qu'ils marchent jusqu'à ce que les demy-
files se trouvent au droiét des chefs de files.

Il faut se remettre par le mesme ordre que l'on a doublé ; à sçavoir,
que ceux qui ont fait à droiét & à gauche , fassent encore la mesme
chose ; & qu'ils prennent garde en retournant en leurs places , que ce
soit tous d'un mesme temps , & que les rangs & les files soient tousjours droiéts.

Prenez garde

Demy-file, prenez garde à vous, pour doubler les rangs, fur les aifles.

A DROICT ET A GAVCHE, PAR DEMY-FILE, DOV-BLEZ VOS RANGS, SVR LES AISLES.

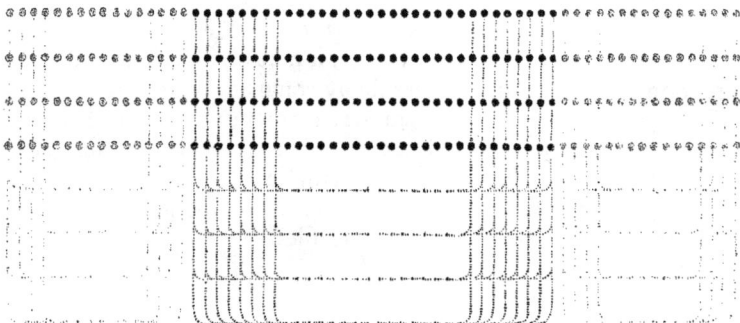

SERRE-FILE, A DROICT, ET A GAVCHE, REMETTEZ VOS RANGS.

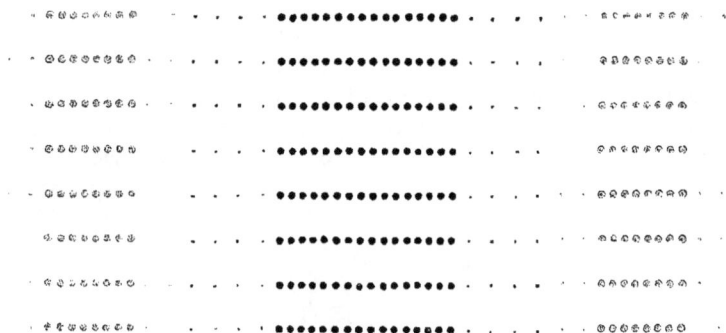

METTEZ VOS PIQVES EN TERRE.

CEVX QVI N'ONT PAS DOVBLE', HAVT LA PIQVE.

Avertiffez le ferre-demy-file, pour doubler les rangs, fur les aifles.

T

Pour doubler les rangs à droiɕt & à gauche , par ferre demy-file, fur les aifles ; il faut que les chefs de files s'ouvrent aux demy-rangs, & qu'ils obfervent la mefme chofe en arriere, qu'ont fait les demy-files en avant.

Pour fe remettre , il faut que les chefs de files partent les premiers, & faffent, tout d'un temps, à droiɕt & à gauche, comme il a efté dit.

Prenez garde à vous , ferre demy - file , pour doubler les rangs fur les aifles.

A DROICT , ET A GAVCHE , PAR SERRE DEMY-FILE , DOVBLEZ VOS RANGS.

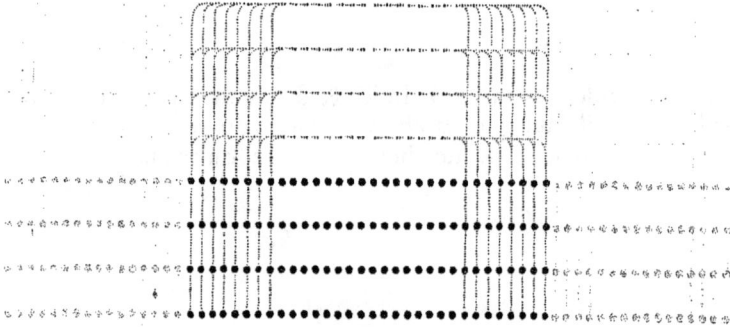

CHEFS DE FILES , REMETTEZ VOS RANGS.

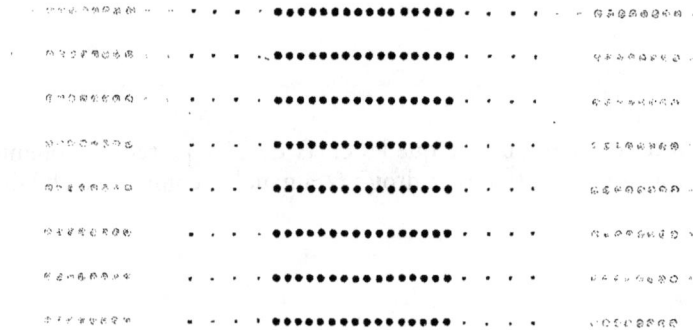

HAVT LA PIQVE , TOVT LE MONDE.

Avertiffez le demy - file , pour doubler les rangs dans le milieu.

T ij

Il faut faire ouvrir, depuis les chefs de files jufqu'au ferre demy-files, aux demy-rangs ; tant qu'il y ait affez d'efpace dans le milieu, pour y placer les demy-files.

Il faut que les demy-files marchent jufques aux chefs de files, & que ceux qui font derriere eux les fuivent, en forte que les ferres-files fe trouvent au droict des ferres demy-files, dans la diftance qu'on leur a laiffée au milieu.

Pour fe remettre, il faut faire demy-tour à droict, avant que de bouger, & les ferres-files, partant les premiers, les faire marcher jufques en leur places ; & lors que les demy-files fe trouveront hors des ferres demy-files, qu'ils faffent demy-tour à droict, & que les chefs de files fe refferrent en mefme temps ; comme monftre la figure du fueillet 143.

Demy-file, prenez garde à vous, pour doubler les rangs dans le milieu.

CHEFS DE FILES, OVVREZ-VOVS, A DROICT ET A GAVCHE, PAR DEMY RANGS.

DEMY-FILE, DOVBLEZ VOS RANGS DANS LE MILIEV.

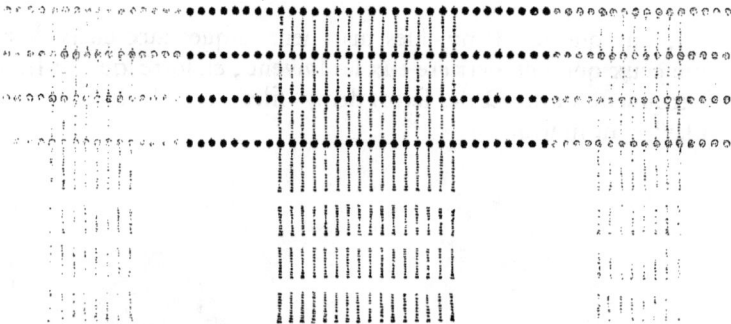

SERRE FILE, A DROICT, REMETTEZ VOS RANGS.

T iij

Il faut qu'ils s'ouvrent , autant que s'eſtoient ouverts les chefs de files , par demy rangs.

Pour doubler les rangs à droi␣, dans le milieu , par ſerre demy-file, il faut que les ſerre demy-files , faſſent demy-tour à droi␣ , & qu'ils marchent dans la diſtance qu'on leur a laiſſée , juſqu'à ce que le ſerre demy-file ſoit dans le ſerre-file , & les chefs de files , dans les demy-files , où ils feront encore demy-tour à droi␣.

Pour ſe remettre, il faut que les chefs de files marchent les premiers, juſqu'à leur places , & lors que les ſerre demy-files feront hors des de-my-files , faire reſſerrer les demy-files , comme monſtre la figure que nous avons miſe ſeule au fueillet ſuivant.

Prenez garde à vous, ſerre demy-file, pour doubler les rangs dans le milieu.

DEMY-FILE, OVVREZ-VOVS A DROICT ET A GAVCHE, PAR DEMY-RANGS.

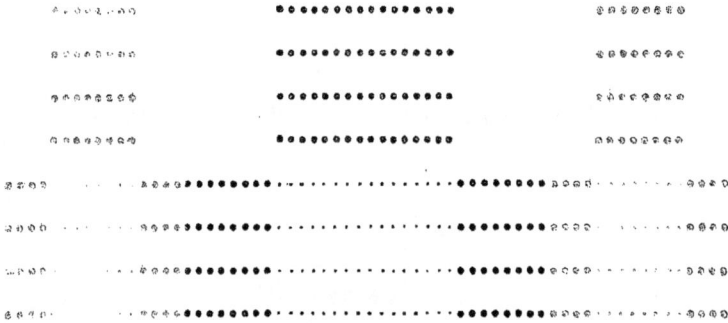

A DROICT, PAR SERRE DEMY-FILE, DOVBLEZ VOS RANGS DANS LE MILIEV.

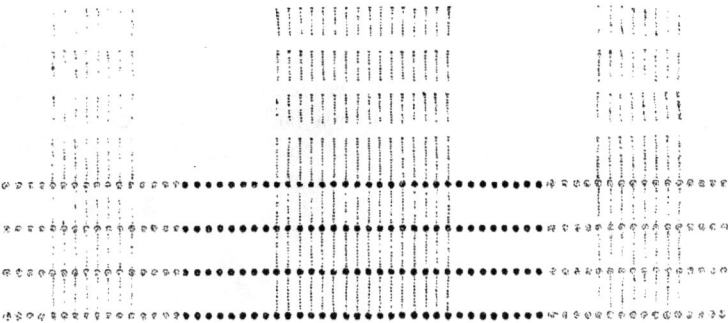

CHEFS DE FILES, REMETTEZ VOS RANGS.

DEMY-FILE, REPRENEZ VOS DISTANCES.

METTEZ VOS PIQVES EN TERRE.

Avertiſſez les quarts de files du milieu , pour doubler les rangs , ſur les aiſles des quarts de files de la teſte & de la queuë.

V

Pour doubler les rangs, à droiƈt, par quarts de files du milieu, ſur les aiſles des quarts de files de la teſte & de la queuë, il faut que le demy-rang de main droiƈte, des quarts de files du milieu, faſſe à droiƈt ; & celuy de main gauche, à gauche; & qu'ils marchent de part & d'autre, tant que les deux files du milieu ſoient hors des deux files des aiſles; apres quoy, les quatre demy-rangs de main droiƈte, à ſçavoir le ſerre demy-file, & celuy de deſſus, feront à gauche ; & le demy-file, & celuy de deſſous, feront à droiƈt : & des quatre demy-rangs de main gauche, le ſerre demy-file, & celuy de deſſus, feront à droiƈt ; & le demy-file, & celuy de deſſous, feront à gauche ; & marcheront dans la place qui leur a eſté faite, ſur les aiſles des quarts de files de la teſte & de la queuë ; où les quarts de files du milieu, qui auront doublé ſur les quarts de files de la queuë, feront demy-tour à droiƈt, à fin de faire tous un meſme front.

Pour ſe remettre, les quarts de files qui ont doublé à la teſte, feront demy-tour à droiƈt ; & tant eux, que ceux qui ont doublé à la queuë, marcheront d'un meſme temps, juſqu'à ce qu'ils ſoient au droiƈt de leurs rangs ; puis ils feront à droiƈt & à gauche, & continuront de marcher juſques en leurs places ; où eſtans, ceux qui ont fait demy-tour à droiƈt, feront encore demy-tour à droiƈt, & ſeront remis.

Quarts de files du milieu, prenez garde à vous, pour doubler les rangs, fur les aifles des quarts de files de la tefte & de la queuë.

A DROICT, ET A GAVCHE, PAR QVARTS DE FILES DV MILIEV, DOVBLEZ VOS RANGS, SVR LES AISLES DES QVARTS DE FILES DE LA TESTE ET DE LA QVEVE.

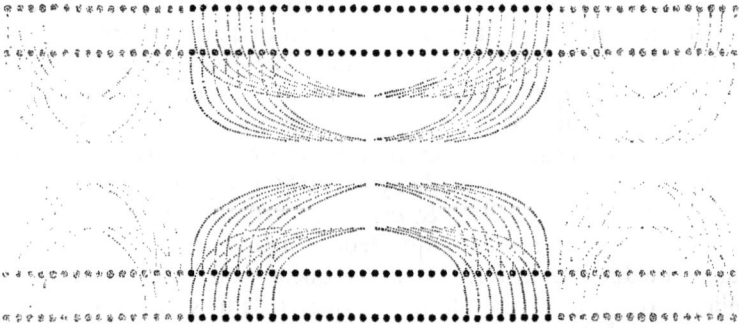

QVARTS DE FILES DV MILIEV, REMETTEZ VOS RANGS.

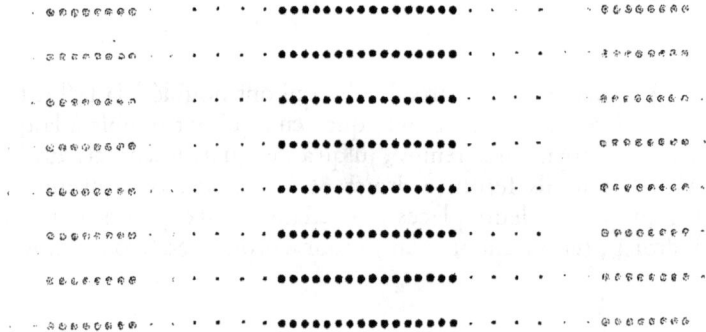

METTEZ VOS PIQVES EN TERRE.

Avertiffez les quarts de files de la tefte & de la queuë, pour doubler les rangs, fur les aifles des quarts de files du milieu.

HAVT LA PIQVE, QVARTS DE FILES DE LA TESTE, ET DE LA QVEVE.

Pour doubler les rangs , par quarts de files de la tefte & de la queuë, fur les aifles des quarts de files du milieu ; il faut que le demy-rang de main droiéte , des quarts de files de la tefte , & celuy de la queuë, faf-fent à droiét ; & le demy-rang de main gauche , à gauche ; & qu'ils marchent jufqu'à ce qu'ils foient un pas hors des rangs du milieu ; apres quoy , le mefme demy-rang de main droiéte des quarts de files de la tefte , fera encore à droiét , & celuy de la queuë , à gauche ; & le demy-rang de main gauche des quarts de files de la tefte , fera pareillement à gauche , & celuy de la queuë à droiét ; puis ils marche-ront tout d'un temps , fur les aifles des quarts de files du milieu ; où ceux de la tefte feront demy-tour à droiét , à fin de faire tous un mefme front.

Pour fe remettre, les quarts de files de la queuë , feront demy-tour à droiét ; & tant eux, que ceux de la tefte, marcheront jufqu'à ce qu'ils foient au droiét de leurs rangs ; apres quoy , ils feront à droiét & à gauche , & continueront de marcher en leurs places , où ils fe remet-tront.

Quarts de files de la teste & de la queuë, prenez garde à vous, pour doubler les rangs, sur les aisles des quarts de files du milieu.

A DROICT, ET A GAVCHE, PAR QVARTS DE FILES DE LA TESTE ET DE LA QVEVE, DOVBLEZ VOS RANGS, SVR LES AISLES DES QVARTS DE FILES DV MILIEV.

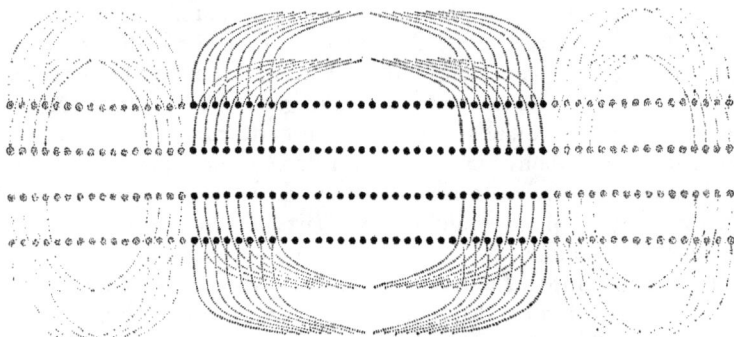

CHEFS DE FILES, ET SERRES-FILES, A DROICT, ET A GAVCHE, REMETTEZ VOS RANGS.

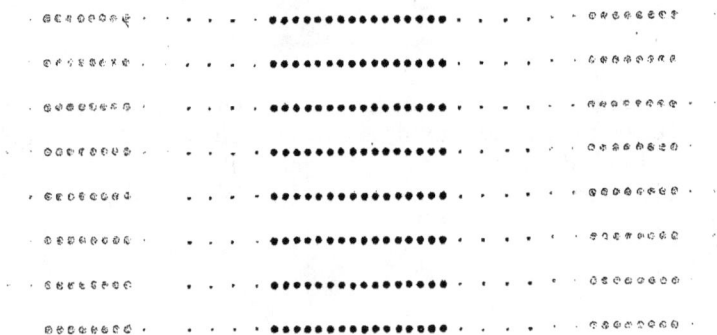

METTEZ VOS PIQVES EN TERRE.

Avertissez les quarts de files du milieu, pour doubler les rangs, dans le milieu des quarts de files de la teste & de la queuë.

HAVT LA PIQVE, TOVT LE MONDE.

Pour doubler les rangs , dans le milieu des quarts de files de la tefte
& de la queuë , par quarts de files du milieu , il faut faire ouvrir les
quarts de files de la tefte , & ceux de la queuë , en faifant faire au demy-rang de main droicte , à droict ; & au demy-rang de main gauche,
à gauche ; & les faifant marcher jufqu'à ce qu'il y ait affez d'ouverture
pour y placer les quarts de files du milieu ; & apres qu'ils auront marché, ceux qui auront fait à droict , feront à gauche ; & ceux qui auront
fait á gauche , feront à droict.

Les quarts de files de la tefte , & ceux de la queuë , eftans ainfi ouverts , les cinq & fixiefme rangs feront demy-tour à droict ; & tant
eux , que les trois & quatriefme rangs , marcheront dans la place qui
leur a efté faite , au milieu des quarts de files de la tefte & de la queuë;
où eftans , ceux qui auront marché à la queuë , feront demy-tour à droict.

Pour fe remettre , ceux qui ont doublé à la tefte , feront demy-tour
à droict ; puis eux , & ceux qui ont doublé à la queuë , marcheront en
leurs places , où ceux qui auront fait demy-tour à droict , feront encore demy-tour à droict ; & au mefme temps , les quarts de files de
la tefte & de la queuë , qui s'eftoient ouverts par demy-rangs , feront
encore à droict & à gauche , & fe remettront en leurs places , comme
monftre la figure d'en bas du fueillet 157.

Quarts de files du milieu, prenez garde à vous, pour doubler les rangs, dans le milieu des quarts de files de la teste & de la queuë.

QVARTS DE FILES DE LA TESTE ET DE LA QVEVE, OVVREZ-VOVS, A DROICT ET A GAVCHE, PAR DEMY-RANGS.

QVARTS DE FILES DV MILIEV, DOVBLEZ VOS RANGS, DANS LE MILIEV DES QVARTS DE FILES DE LA TESTE ET DE LA QVEVE.

QVARTS DE FILES DV MILIEV, REMETTEZ VOS RANGS.

METTEZ VOS PIQVES EN TERRE.

Avertissez les quarts de files de la teste & de la queuë, pour doubler les rangs, dans le milieu des quarts de files du milieu.

HAVT LA PIQVE, QVARTS DE FILES DE LA TESTE ET DE LA QVEVE.

Pour doubler les rangs , dans le milieu des quarts de files du milieu, par quarts de files de la tefte & de la queuë , il faut que les quarts de files du milieu , s'ouvrent par demy-rangs ; & qu'ils marchent à droict & à gauche , jufqu'à ce qu'ils ayent laiffé affez d'efpace pour placer les quarts de files de la tefte & de la queuë.

Les quarts de files du milieu eftans ainfi ouverts , par demy rangs, ceux qui ont marché , feront à droict & à gauche , & les quarts de files de la tefte , feront demy-tour à droict , en mefme temps , & le plus promptement qu'il fe pourra ; Puis les quarts de files de la tefte & ceux de la queuë , marcheront dans la place qui leur a efté faite ; où ceux de la tefte feront encore demy-tour á droict.

Pour fe remettre , les quarts de files de la queuë feront demy-tour à droict ; puis, ceux de la tefte & eux , marcheront en leurs places ; où ceux qui auront fait demy-tour à droict , feront encore demy-tour à droict ; à lors les quarts de files de la tefte & de la queuë , feront encore ouverts par demy-rangs , comme ils eftoient avant que doubler ; Et comme monftre la figure de deffus , en la page precedente ; puis ils reprendront leurs diftances , comme en la figure fuivante.

Quarts de files de la tefte

Quarts de files de la teste & de la queuë, prenez garde à vous, pour doubler les rangs, dans le milieu des quarts de files du milieu.

QVARTS DE FILES DV MILIEV, OVVREZ VOVS, A DROICT ET A GAVCHE, PAR DEMY-RANGS.

QVARTS DE FILES DE LA TESTE ET DE LA QVEVE, DOVBLEZ VOS RANGS, DANS LE MILIEV DES QVARTS DE FILES DV MILIEV.

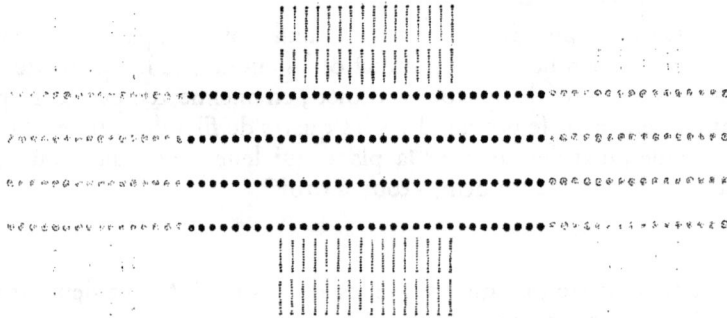

CHEFS DE FILES, ET SERRE FILES, REMETTEZ VOS RANGS.

X

Il faut que le demy-rang de main droicte, des quarts de files du milieu, faſſe à gauche ; & le demy-rang de main gauche, à droict ; &
qu'au meſme temps ils marchent en leurs places ; où eſtans, ceux qui
auront fait à droict, feront à gauche, & ceux qui auront fait à gauche,
feront à droict ; En ſuite dequoy, le Bataillon ſe remettra en ſa premiere diſtance, en executant les commandemens qui ſuivent ; & comme
monſtre la figure de deſſous.

QVARTS DE FILES DV MILIEV, REPRENEZ VOS DISTANCES.

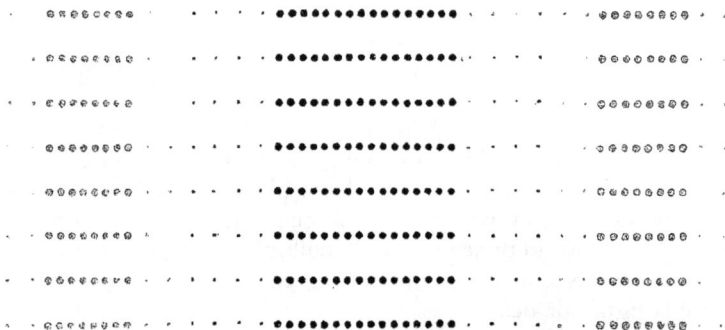

DEMY-RANG DE MAIN DROICTE, A DROICT.
DEMY-RANG DE MAIN GAVCHE, A GAVCHE.
MARCHEZ, TOVT LE MONDE, IVSQV'A VOS PREMIERES DISTANCES.

DEMY-RANG DE MAIN DROICTE, A GAVCHE.
DEMY-RANG DE MAIN GAVCHE, A DROICT.
METTEZ VOS PIQVES EN TERRE.

Avertiſſez, pour doubler les files à droict.

X ij

Pour doubler les files à droiȼt , il faut que les files qui ont efté averties, faffent à droiȼt, auffi-toft qu'on leur aura commandé de doubler; & en obfervant tousjours de partir du pied gauche , qu'ils marchent jufques dans le milieu des intervales des files , qui n'ont bougé ; où eftans , ils feront à gauche , à fin de faire tous un mefme front.

Pour fe remettre , ils feront encore à gauche ; & partans tousjours du pied gauche , retourneront en leurs places , où ils feront à droiȼt pour eftre remis.

Il faut remarquer, que les files fe remettent tousjours par le contraire du doublement , c'eft à dire , que fi on a doublé à droiȼt , il faut fe remettre à gauche ; & fi on a doublé à gauche , il faut fe remettre à droiȼt ; au contraire des rangs , que l'on fait tousjours remettre de la mefme forte qu'on les a fait doubler.

Les files qui doivent doubler à droict , prenez garde à vous.

HAVT LA PIQVE, LES FILES QVI DOIVENT DOV-BLER A DROICT.

A DROICT, DOVBLEZ VOS FILES.

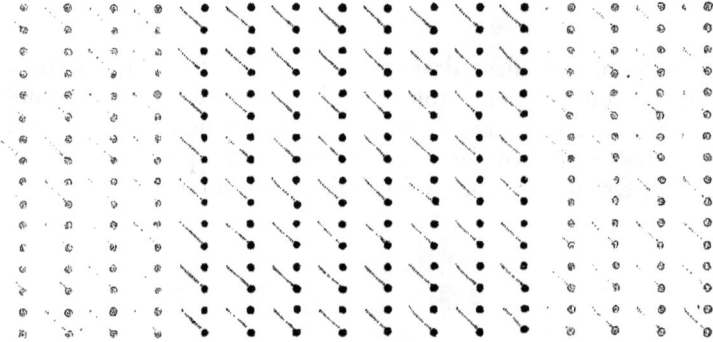

A GAVCHE, REMETTEZ VOS FILES.

METTEZ VOS PIQVES EN TERRE.

Avertiffez pour doubler les files à gauche.

CEVX QVI N'ONT PAS DOVBLE', HAVT LA PIQVE.

X iij

Pour doubler les files à gauche, il faut que les files qui doivent doubler , faſſent à gauche ; & qu'ils marchent dans le milieu des intervales
des files , dans leſquelles ils doublent ; comme il a eſté dit en la figure
precedente ; où eſtans , ils feront à droiɕ.

Pour ſe remettre, ils feront encore à droiɕ, & retourneront en leurs
places ; où ils feront à gauche pour eſtre remis.

Les files qui doivent doubler à gauche , prenez garde à vous.

A GAVCHE, DOVBLEZ VOS FILES.

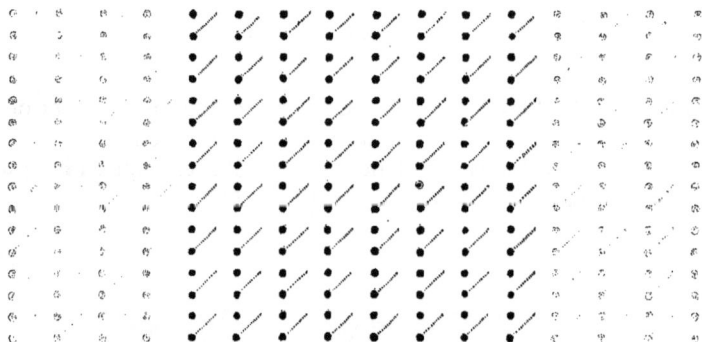

A DROICT, REMETTEZ VOS FILES,

METTEZ VOS PIQVES EN TERRE.

Avertissez le demy-rang , pour doubler les files à droict.

HAVT LA PIQVE , LE DEMY-RANG QVI DOIT DOVBLER A DROICT.

Pour doubler les files , à droiɛt , par demy - rangs , il faut que le demy - rang de main gauche , faſſe à droiɛt , tout d'un temps ; & que
partant du pied gauche , il marche par les intervales des rangs , juſqu'à ce que toute la file de main droiɛte , du demy - rang qui marche ,
ait doublé dans la file de main droiɛte , du demy rang , qui n'a bougé ; ainſi les autres files , ſuivans la premiere , elles ſe trouveront toutes avoir doublé à droiɛt par demy - rang ; puis le demy - rang qui a
marché fera à gauche , à fin de faire tous un meſme front.

Pour ſe remettre , il faut que le demy - rang qui a doublé , faſſe à
gauche , & qu'il marche tout d'un temps , juſqu'à ce qu'il ſoit arrivé
en ſa place ; où il fera à droiɛt , pour eſtre remis.

Demy - rang

Demy rang , qui doit doubler les files à droict , prenez garde à vous.

A DROICT, PAR DEMY-RANG, DOVBLEZ VOS FILES.

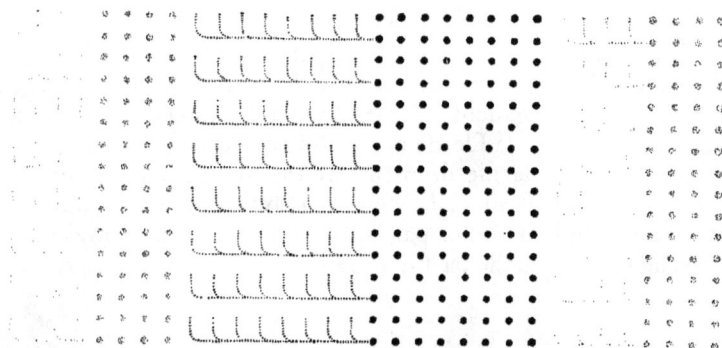

DEMY-RANG, A GAVCHE, REMETTEZ VOS FILES.

METTEZ VOS PIQVES EN TERRE.

CEVX QVI N'ONT PAS DOVBLE', HAVT LA PIQVE.

Avertiffez le demy-rang , pour doubler les files à gauche.

Y

Pour doubler les files à gauche , par demy-rang , il faut obferver la mefme chofe qu'en la figure precedente , excepté que pour doubler , il faut faire à gauche , & apres avoir doublé , faire à droict.

Pour fe remettre , le demy-rang qui a doublé , fera à droict , & marchera en fa place ; où il fera à gauche , pour eftre remis.

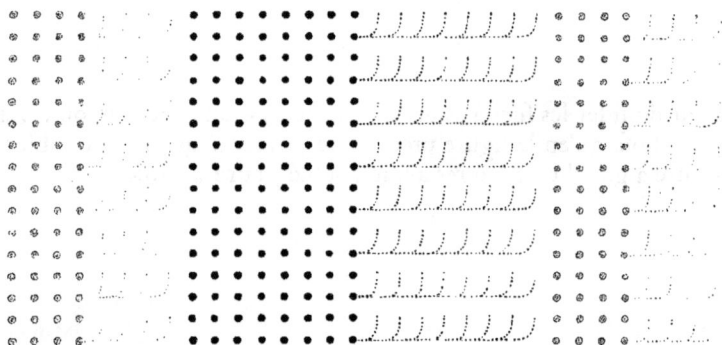

Demy-rang, qui doit doubler les files à gauche, prenez garde à
vous.

A GAVCHE, PAR DEMY-RANG, DOVBLEZ VOS FILES.

DEMY-RANG, A DROICT, REMETTEZ VOS FILES.

METTEZ VOS PIQVES EN TERRE.

Avertiſſez les quarts de rangs, pour doubler les files à droict.

HAVT LA PIQVE, QVARTS DE RANGS, QVI DOIVENT DOVBLER LES FILES A DROICT.

Y ij

Pour doubler les files à droiᵉt , par quarts de rangs , il faut que les quarts de rangs qui auront efté avertis , obfervent ce qui a efté dit en l'expliquation de la figure de la page 169.

Ils fe remettront pareillement , comme il a efté dit en l'expliquation de la figure de la mefme page 169.

Quarts de rangs , qui doivent doubler les files à droict, prenez garde à vous.

A DROICT, PAR QVARTS DE RANGS, DOV-
BLEZ VOS FILES.

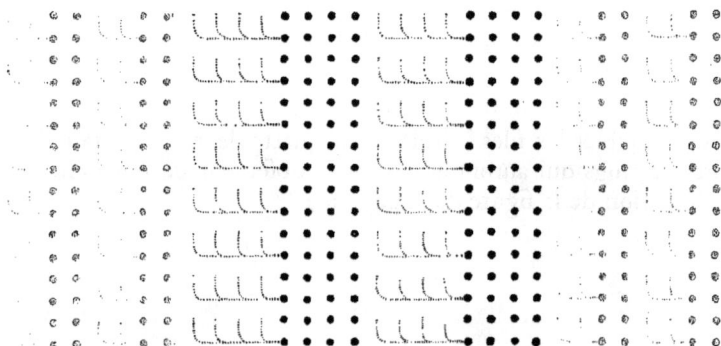

QVARTS DE RANGS, A GAVCHE, REMETTEZ
VOS FILES.

METTEZ VOS PIQVES EN TERRE.

CEVX QVI N'ONT PAS DOVBLE', HAVT LA PIQVE.

Avertiſſez les quarts de rangs , pour doubler les files à gauche.

Pour doubler les files à gauche , par quarts de rangs , on obſervera ce qui a eſté dit en l'expliquation de la figure de la page 171.

Pour ſe remettre , on fera ce qui a eſté dit en la figure de la meſme page 171.

Quarts de rangs, qui doivent doubler les files à gauche, prenez garde à vous.

A GAVCHE, PAR QVARTS DE RANGS, DOVBLEZ VOS FILES.

QVARTS DE RANGS, A DROICT, REMETTEZ VOS FILES.

METTEZ VOS PIQVES EN TERRE.

Avertiſſez les quarts de rangs des aiſles, pour doubler les files, ſur
les quarts de rangs du milieu.

HAVT LA PIQVE, QVARTS DE RANGS DES AISLES.

Quoy que ces termes, quarts de rangs des aifles, & quarts de rangs du milieu, n'ayent pas befoin d'explication, pour ne pouvoir eftre ignorez d'aucune perfonne, qui ait tant foit peu efté exercé au maniment des armes ; Toutefois, à fin que nous ne laiffions rien qui puiffe arrefter le Lecteur, nous dirons que les rangs d'un Bataillon, eftans partagez en quatre parties egales, les deux parties extremes, fe nomment quarts de rangs des aifles ; & les deux autres parties d'au dedans fe nomment quarts de rangs du milieu.

Pour donc doubler les files, par quarts de rangs des aifles, fur les quarts de rangs du milieu, il faut que le quart de rang de main droicte, faffe à gauche ; & le quart de rang de main gauche, faffe à droict ; & qu'ils marchent par les intervales des rangs, jufqu'à ce qu'ils ayent doublé fur ceux qui n'ont bougé du milieu ; où eftans, celuy-là qui a fait à gauche, fera à droict.

Pour fe remettre, il faut que le quart de rang de main droicte, qui a doublé, faffe à droict ; & le quart de rang de main gauche, faffe à gauche, & qu'ils retournent en leurs places ; où eftans, celuy de main droicte, fera à gauche ; & celuy de main gauche, à droict, pour eftre remis.

Quarts de rangs des aifles

Quarts de rangs des aisles, prenez garde à vous, pour doubler les
files sur les quarts de rangs du milieu.

A DROICT ET A GAVCHE, PAR QVARTS DE RANGS DES AISLES, DOVBLEZ VOS FILES, SVR LES QVARTS DE RANGS DV MILIEV.

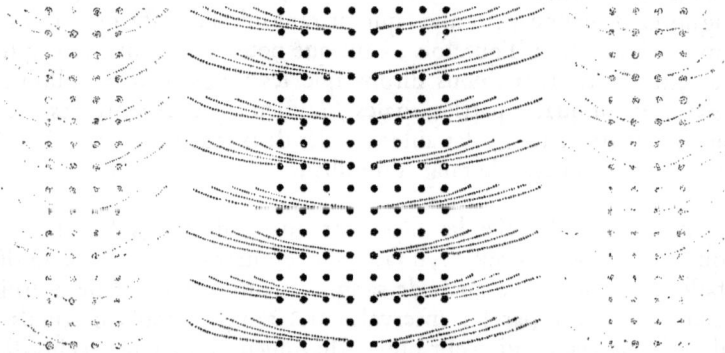

QVARTS DE RANGS DES AISLES, A DROICT ET A GAVCHE, REMETTEZ VOS FILES.

METTEZ VOS PIQVES EN TERRE.

Avertissez les quarts de rangs du milieu, pour doubler les files, sur
les quarts de rangs des aisles.

HAVT LA PIQVE, QVARTS DE RANGS DV MILIEV.

Z

Pour doubler les files , par quarts de rangs du milieu , fur les quarts de rangs des aifles , il faut partager ceux qui n'ont pas doublé au de-my-rang ; & que le quart de rang du milieu , qui eft à main droiête, fafle à droiêt ; & l'autre quart de rang , qui eft à main gauche , fafle à gauche ; & qu'ils marchent dans les intervales des quarts de rangs des aifles ; où eftans, celuy qui a marché à droiêt , fera à gauche ; & celuy qui a marché à gauche , fera à droiêt.

Pour fe remettre , il faut que le quart de rang du milieu , qui eft à main droiête , fafle à droiêt ; & celuy qui eft à main gauche , fafle à gauche ; & qu'ils retournent en leurs places ; où eftans , celuy de main droiête , fera à gauche ; & celuy de main gauche , à droiêt , pour eftre remis.

Quarts de rangs du milieu , prenez garde à vous , pour doubler les files fur les quarts de rangs des aifles.

QVARTS DE RANGS DV MILIEV, A DROICT ET A GAVCHE, DOVBLEZ VOS FILES, SVR LES QVARTS DE RANGS DES AISLES.

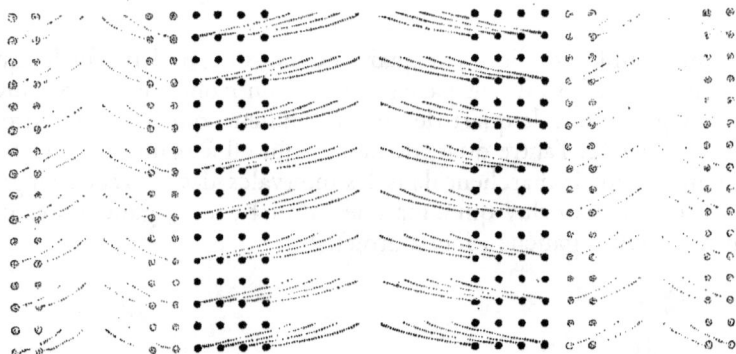

QVARTS DE RANGS DV MILIEV, A DROICT ET A GAVCHE, REMETTEZ VOS FILES.

HAVT LA PIQVE, TOVT LE MONDE.

Z ij

Pour faire les doublemens qui fuivent , tant par tefte & par queuë, que dans le milieu ; Soit par demy-rangs , ou par quarts de rangs ; il eft neceffaire de faire preffer les rangs du Bataillon ; ce qu'on fera , commandant au ferre demy-file , de faire demy-tour à droict ; & faifant marcher tout le Bataillon en avant , tant qu'il n'occupe plus que la moitié de la place qu'il occupoit , à fin qu'apres avoir doublé par tefte & par queuë, il revienne dans fon premier terrain ; puis , apres que les rangs feront affez ferrez , on fera encore faire demy-tour à droict , à ceux qui auront fait demy-tour à droict , à fin que tout le Bataillon aye un mefme front.

Apres que le Bataillon fera ainfi ferré , il faut partager le demy-rang de main gauche , au demy-file , comme monftre la ligne droicte poinctée , en cette figure : & que depuis le demy-file , jufqu'au ferre-file, ils faffent demy-tour à droict : puis tout le demy-rang de main gauche , marchera , tant que le ferre demy-file , & le demy-file foient vn pas plus avancez que le chef de file , & le ferre-file, de ceux qui n'ont bougé : apres quoy , ceux qui ont marché à la tefte , feront à droict : & ceux qui ont marché à la queuë , feront à gauche , & continuront de marcher , pour aller prendre leurs places à la tefte & à la queuë, de ceux qui n'ont bougé : où eftans , ils feront tous à gauche , à fin de faire un mefme front.

Pour fe remettre , il faut que ceux qui ont doublé faffent à gauche, & qu'ils marchent tant qu'ils foient au droict des places où ils eftoient

SERRE DEMY-FILE , DEMY-TOVR A DROICT.

SERREZ VOS RANGS EN AVANT , IVSQV'A LA POINTE DE L'ESPEE.

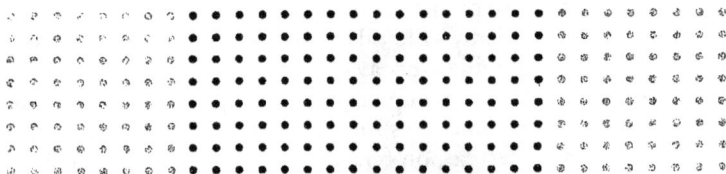

CEVX QVI ONT FAIT DEMY-TOVR A DROICT, DEMY-TOVR A DROICT.
METTEZ VOS PIQVES EN TERRE.

Avertissez le demy-rang , pour doubler les files à droict , par teste & par queuë.

HAVT LA PIQVE , DEMY-RANG , QVI DOIT DOVBLER LES FILES A DROICT , PAR TESTE ET PAR QVEVE.

Demy-rang , prenez garde à vous.

A DROICT PAR DEMY-RANG , DOVBLEZ VOS FILES PAR TESTE ET PAR QVEVE.

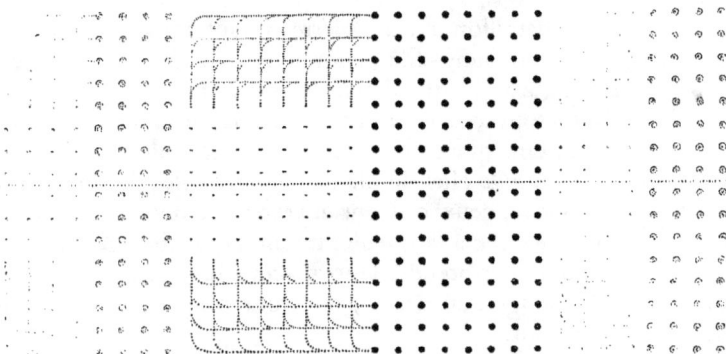

DEMY-RANG, A GAVCHE, REMETTEZ VOS FILES.

avant que doubler , & qu'àlors , ceux qui ont doublé à la teſte , faſſent
encore à gauche , & ceux qui ont doublé à la queuë , faſſent à droict,
& qu'ils marchent tous juſqu'à leurs places ; où eſtans , ceux qui ont
doublé à la teſte , feront demy-tour à droict , & feront remis.

Pour doubler les files à gauche , par demy-rang , par teſte & par
queuë , il faut que le demy-rang de main droicte ſoit partagé au demy-file, comme monſtre en cette figure , la ligne droicte poinctée ; &
que depuis le demy-file juſqu'au ſerre-file , ils faſſent demy tour à
gauche ; puis tout le demy-rang de main droicte marchera , comme il
a eſté dit en la figure precedente , excepté qu'il faut que ceux qui marchent à la queuë, faſſent à droict ; & apres avoir pris leurs places , à la
teſte & à la queuë , qu'ils faſſent tous à droict , à fin de n'avoir qu'un
meſme front.

Pour ſe remettre , ceux qui ont doublé feront à droict , & marcheront juſqu'à ce qu'ils ſoient au droict des places où ils veulent aller , &

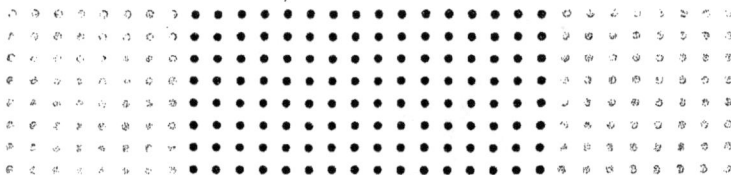

METTEZ VOS PIQVES EN TERRE.

CEVX QVI N'ONT PAS DOVBLE', HAVT LA PIQVE.

Avertiffez le demy-rang, pour doubler les files à gauche, par tefte & par queuë.

Demy-rang, qui doit doubler les files à gauche, par tefte & par queuë, prenez garde à vous.

A GAVCHE, PAR DEMY-RANG, DOVBLEZ VOS FILES, PAR TESTE ET PAR QVEVE.

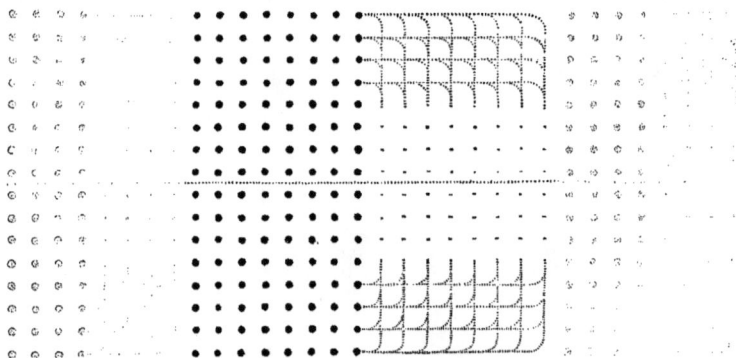

DEMY-RANG, A DROICT, REMETTEZ VOS FILES.

à lors ceux qui ont doublé à la tefte, feront encore à droict; & ceux qui ont doublé à la queuë, feront à gauche, & retourneront en leurs places, où ceux de la tefte, feront demy-tour à gauche, pour eftre remis.

Pour doubler les files par quarts de rangs, à droict, par tefte & par queuë, il faut obferver tout ce qui a efté dit en l'expliquation de la figure de la page 181; où nous avons enfeigné à doubler à droict, par demy-rang.

Pour fe remettre, on obfervera pareillement ce qui a efté dit en la mefme page 181.

Quarts de rangs qui doivent

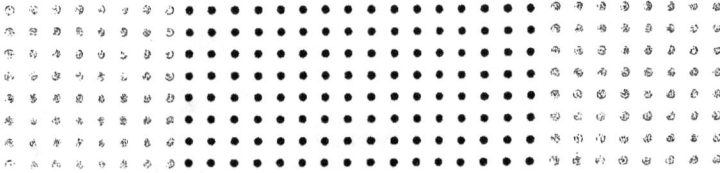

METTEZ VOS PIQVES EN TERRE.

Avertiſſez les quarts de rangs , pour doubler les files à droict , par teſte & par queuë.

HAVT LA PIQVE , QVARTS DE RANGS , QVI DOIVENT DOVBLER A DROICT , PAR TESTE ET PAR QVEVE.

Quarts de rangs , prenez garde à vous.

A DROICT , PAR QVARTS DE RANGS , DOVBLEZ VOS FILES , PAR TESTE ET PAR QVEVE.

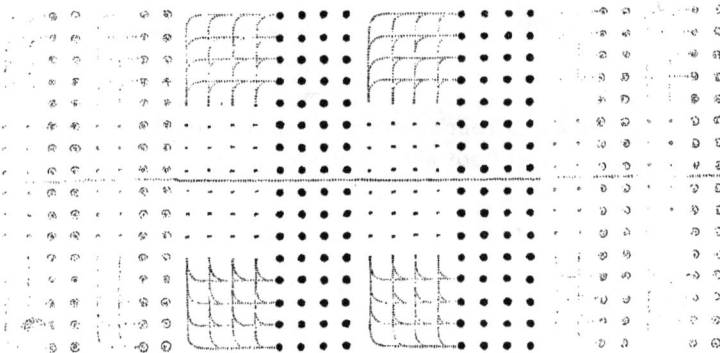

QVARTS DE RANGS , A GAVCHE , REMETTEZ VOS FILES.

Aa

Pour doubler les files par quarts de rangs , à gauche , par teſte &
par queuë , on obſervera ce qui a eſté dit en l'expliquation de la figure
de la page 183. où nous avons enſeigné comme il faut doubler à gau‑
che par demy‑rang.

Pour ſe remettre, on ſe ſouviendra de ce que nous avons dit en l'ex‑
pliquation de la meſme page 183.

METTEZ VOS PIQVES EN TERRE.

CEVX QVI N'ONT PAS DOVBLE', HAVT LA PIQVE.

Avertiffez les quarts de rangs , pour doubler les files à gauche, par tefte & par queuë.

Quarts de rangs , qui doivent doubler les files à gauche , par tefte & par queuë , prenez garde à vous.

A GAVCHE, PAR QVARTS DE RANGS , DOVBLEZ VOS FILES, PAR TESTE ET PAR QVEVE.

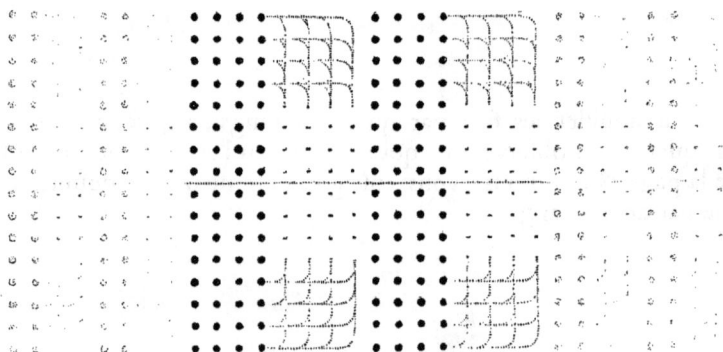

QVARTS DE RANGS, A DROICT , REMETTEZ VOS FILES.

Pour doubler les files à droiƈt & à gauche , par quarts de rangs du milieu, fur les quarts de rangs des aifles, par tefte & par queuë , il faut que les deux quarts de rangs du milieu faffent demy - tour à droiƈt, depuis le demy - file en bas ; puis qu'ils marchent jufqu'à ce qu'ils foient hors des quarts de rangs des aifles ; apres quoy , la moitié de ceux qui auront marché fera à droiƈt , & l'autre moitié à gauche; & de là iront doubler à la tefte & à la queuë des quarts de rangs des aifles; Mais il faut que ceux qui auront fait à droiƈt, pour doubler à la tefte, faffent à gauche , & ceux qui auront fait à gauche faffent à droiƈt ; & que ceux qui auront fait à droiƈt , pour doubler à la queuë, faffent encore à droiƈt, & ceux qui auront fait à gauche , faffent à gauche , à fin de faire tous un mefme front.

Pour fe remettre , il faut que le quart de rang du milieu qui a doublé à la tefte & à la queuë du quart de rang de l'aifle de main gauche, faffe à droiƈt ; & que celuy qui a doublé à la tefte & à la queuë du quart de rang de l'aifle de main droiƈte, faffe à gauche ; & qu'ils marchent tant qu'ils foient hors des quarts de rangs des aifles ; où ceux de

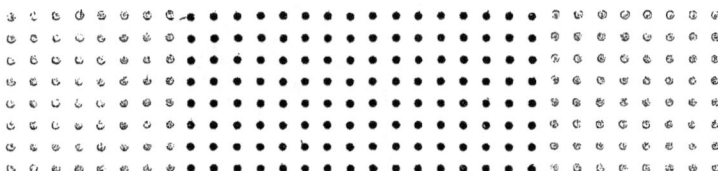

METTEZ VOS PIQVES EN TERRE.

Avertiſſez les quarts de rangs du milieu, pour doubler les files ſur les quarts de rangs des aiſles , par teſte & par queuë.

HAVT LA PIQVE , QVARTS DE RANGS DV MILIEV.

Quarts de rangs du milieu, qui doivent doubler les files, ſur les quarts de rangs des aiſles , par teſte & par queuë , prenez garde à vous.

A DROICT ET A GAVCHE , PAR QVARTS DE RANGS DV MILIEV , DOVBLEZ VOS FILES , SVR LES QVARTS DE RANGS DES AISLES , PAR TESTE ET PAR QVEVE.

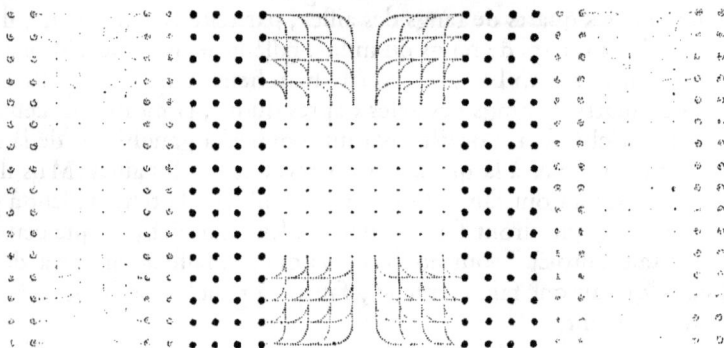

QVARTS DE RANGS DV MILIEV, A DROICT ET A GAVCHE, REMETTEZ VOS FILES.

A a iij

la tefte qui auront fait à droiƈt, feront encore à droiƈt; & ceux qui auront fait à gauche, feront à gauche : & ceux de la queuë qui auront fait à droiƈt, feront à gauche, & ceux qui auront fait à gauche, feront à droiƈt; puis ils marcheront en leurs places; où eftans, ceux de la tefte feront encore demy-tour à droiƈt, pour eftre remis.

Pour doubler les files, à droiƈt & à gauche, par quarts de rangs des aifles, fur les quarts de rangs du milieu, par tefte & par queuë, il faut que les deux quarts de rangs des aifles faffent demy-tour à droiƈt, depuis le demy-file en bas; puis qu'ils marchent jufque à ce qu'ils foient un pas plus avancez que les quarts de rangs du milieu; apres quoy, la partie du quart de rang de l'aifle droiƈte qui aura marché à la tefte, fera à gauche, & l'autre partie qui aura marché à la queuë, fera à droiƈt; & la partie de l'aifle gauche qui aura marché à la tefte, fera à droiƈt, & celle qui aura matché à la queuë, fera à gauche; & de là iront doubler à la tefte & à la queuë des quarts de rangs du milieu : Mais il faut que ceux qui auront fait à droiƈt, pour doubler à la tefte, faffent à gauche; & ceux qui auront fait à gauche faffent à droiƈt; & que ceux qui auront fait à droiƈt, pour doubler à la queuë, faffent encore à droiƈt, & ceux qui auront fait à gauche, faffent à gauche, à fin de faire tous un mefme front.

Pour fe remettre, le quart de rang de main droiƈte, fera à droiƈt, & le quart de rang de main gauche, fera à gauche, & marcheront

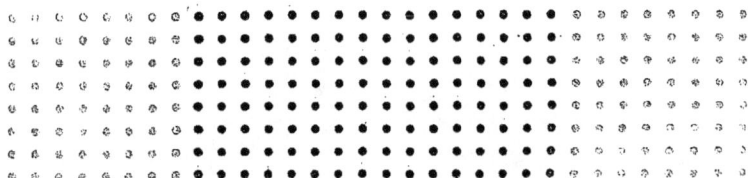

METTEZ VOS PIQVES EN TERRE.
CEVX QVI N'ONT PAS DOVBLE', HAVT LA PIQVE.

Avertiſſez les quarts de rangs des aiſles, pour doubler les files ſur les quarts de rangs du milieu, par teſte & par queuë.

Quarts de rangs des aiſles, qui doivent doubler les files, ſur les quarts de rangs du milieu, par teſte & par queuë, prenez garde à vous.

A DROICT ET A GAVCHE, PAR QVARTS DE RANGS DES AISLES, DOVBLEZ VOS FILES, SVR LES QVARTS DE RANGS DV MILIEV, PAR TESTE ET PAR QVEVE.

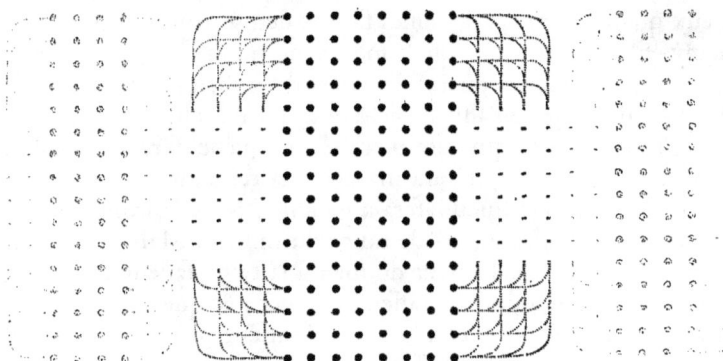

QVARTS DE RANGS DES AISLES, A DROICT ET A GAVCHE, REMETTEZ VOS FILES.

jufqu'au droict de leur terrain ; puis la partie du quart de rang de l'aifle droicte, qui avoit doublé à la tefte, fera à droict ; & l'autre partie qui avoit doublé à la queuë, fera à gauche : & la partie du quart de rang de l'aifle gauche, qui avoit doublé à la tefte, fera à gauche ; & l'autre partie qui avoit doublé à la queuë, fera à droict ; & de là marche-ront en leurs places ; où eftans, ceux qui avoient doublé à la tefte, fe-ront demy-tour à droict pour eftre remis.

Pour doubler les files à droict, par demy-rang, dans le milieu, il faut que le demy-rang de main droicte, fafſe demy-tour à droict, depuis le demy-file en bas ; & que tout le demy-rang marche jufqu'à ce qu'il foit vn pas plus avancé que la tefte & la queuë du demy-rang de main gauche ; où ceux qui auront fait demy-tour à droict, feront encore demy-tour à droict : puis au mefme temps, le demy-rang de main gauche fera à droict, & marchera dans la place, que le demy-rang de main droicte luy aura faite, comme on peut tres-bien voir par cet-te figure, où nous avons reprefenté le demy-rang de main gauche, comme en marchant, & n'eftant pas encore en la place qu'il doit occu-per ; dans laquelle eftant arrivé, il faudra qu'il fafſe à gauche, à fin que tout le bataillon foit en vn mefme front.

Pour fe remettre, ceux qui ont doublé feront encore à gauche, & retourneront en leurs places, où ils feront à droict ; & en mefme temps,

Avertifſez le

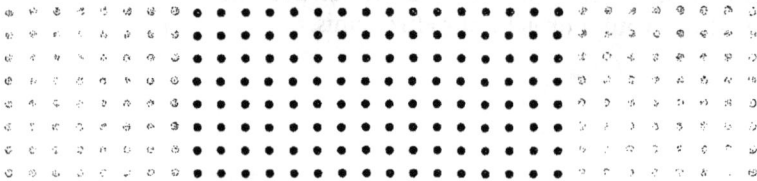

METTEZ VOS PIQVES EN TERRE.

Avertiſſez le demy-rang , pour doubler les files , à droict , dans le milieu.

HAVT LA PIQVE, TOVT LE MONDE.

DEMY-RANG DE MAIN DROICTE , OVVREZ-VOVS EN AVANT ET EN ARRIERE , PAR DEMY-FILE.

A DROICT , PAR DEMY-RANG , DOVBLEZ VOS FILES DANS LE MILIEV.

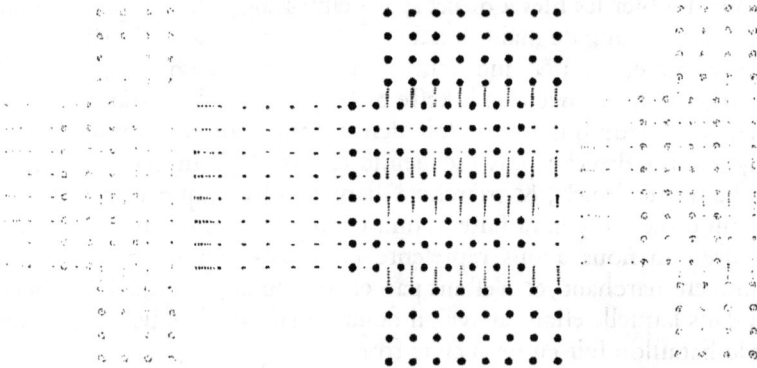

DEMY-RANG, A GAVCHE, REMETTEZ VOS FILES.

Bb

les Chefs de files du demy-rang de main droiĉte , feront demy-tour à droiĉt ; & tant eux , que la demy-file , retourneront pareillement en leurs places ; où ceux qui auront fait demy-tour à droiĉt , feront encore demy tour à droiĉt , & feront remis.

Pour doubler les files à gauche , par demy-rang, dans le milieu, on obfervera ce qui a efté enfeigné en la figure precedente ; excepté qu'il faut que ce foit le demy-rang de main gauche , qui s'ouvre au demy-file ; & que le demy-rang de main droiĉte , faffe à gauche , pour marcher , & apres avoir doublé , qu'il faffe à droiĉt.

Pour fe remettre , il faut que ceux qui ont doublé faffent à droiĉt, & eftans retournez en leurs places , qu'ils faffent à gauche ; & qu'au mefme temps , le demy-rang de main gauche fe referme , comme a fait le demy-rang de main droiĉte , en la page precedente.

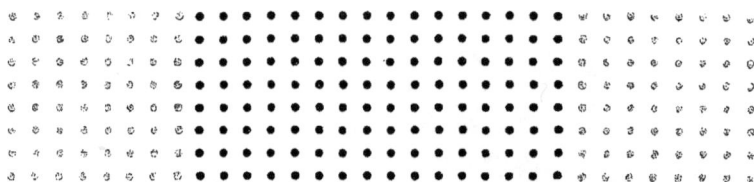

Avertiſſez le demy-rang pour doubler les files à gauche dans le milieu.

Demy-rang qui doit doubler les files à gauche dans le milieu, prenez garde à vous.

DEMY-RANG DE MAIN GAVCHE, OVVREZ VOVS
EN AVANT ET EN ARRIERE PAR DEMY-FILE.

A GAVCHE, PAR DEMY-RANG, DOVBLEZ VOS
FILES DANS LE MILIEV.

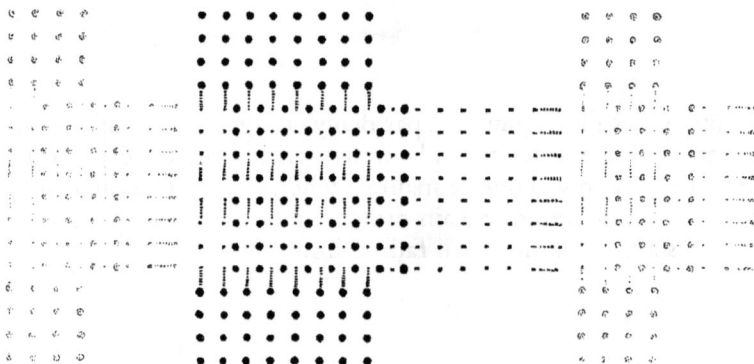

DEMY-RANG, A DROICT REMETTEZ VOS FILES.

Bb ij

Pour doubler les files à droiᷓ par quarts de rangs, dans le milieu, il faut faire ouvrir les quarts de rangs de main droiᷓe, en avant & en arriere, comme nous avons enſeigné pour faire doubler à droiᷓ, par demy-rangs ; puis auſſi-toſt que les quarts de rangs de main droiᷓe feront ouverts, les quarts de rangs de main gauche feront à droiᷓ, & marcheront dans les places que les quarts de rangs de main droiᷓe leur auront faite ; ou eſtans, ils feront à gauche, pour faire tous un meſme front.

Pour ſe remettre, ceux qui ont doublé feront encore à gauche, & retourneront en leurs places, où ils feront à droiᷓ ; & les quarts de rangs de main droiᷓe, ſe refermeront, comme ont fait les demy-rangs en la figure de la page 193.

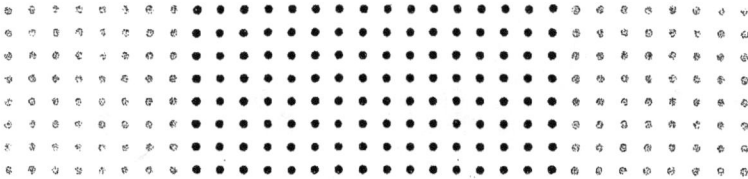

Avertiſſez les quarts de rangs, pour doubler les files à droiƈt, dans
le milieu.

Quarts de rangs, qui doivent doubler les files à droiƈt dans le milieu, prenez garde à vous.

QVARTS DE RANGS DE MAIN DROICTE, OVVREZ VÒVS EN AVANT ET EN ARRIERE, PAR DEMY-FILE.

A DROICT, PAR QVARTS DE RANGS, DOVBLEZ VOS FILES DANS LE MILIEV.

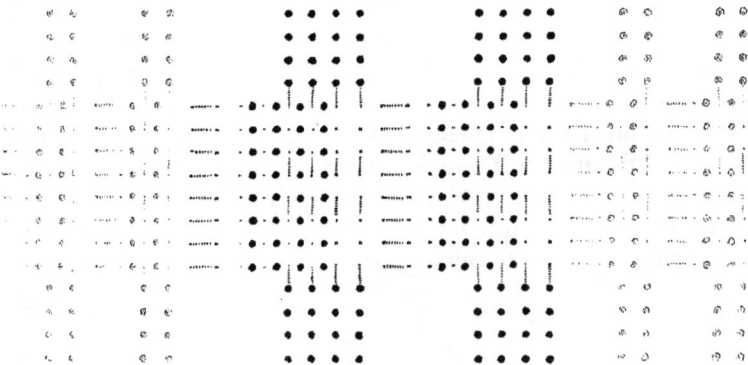

QVARTS DE RANGS, A GAVCHE, REMETTEZ VOS FILES.

Pour doubler les files , à gauche , par quarts de rangs , dans le milieu , on obfervera ce qui a efté dit en la figure precedente ; excepté
qu'au lieu de faire ouvrir les quarts de rangs de main droiǎc , il faut
que ce foit ceux de main gauche qui s'ouvrent ; & que ceux de main
droiǎe , faffent à gauche , avant que marcher ; & à droiǎt , quand ils
auront doublé.

Pour fe remettre , ceux qui ont doublé , feront à droiǎt , & retourneront en leurs places ; en fuite de quoy , les quarts de rangs de main
gauche fe refermeront ; & le Bataillon fera remis comme monftre la
figure d'en haut de la page 199. que nous expliquons.

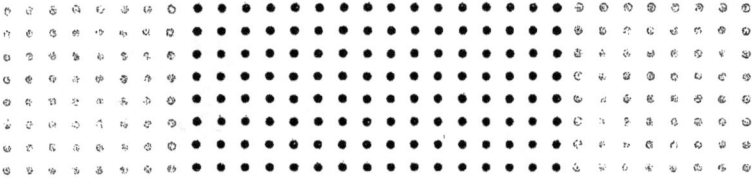

Avertiſſez les quarts de rangs , pour doubler les files à gauche , dans le milieu.

Quarts de rangs , qui doivent doubler les files à gauche, dans le milieu , prenez garde à vousi.

QVARTS DE RANGS DE MAIN GAVCHE , OVVREZ VOVS EN AVANT ET EN ARRIERE, PAR DEMY-FILE.

A GAVCHE, PAR QVARTS DE RANGS , DOV-BLEZ VOS FILES DANS LE MILIEV.

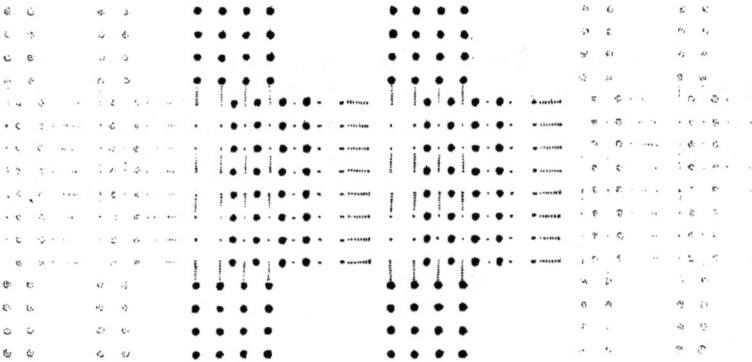

QVARTS DE RANGS , A DROICT, REMETTEZ VOS FILES.

Pour faire ouvrir les quarts de rangs des aifles, en avant & en arriere, par demy-file, & par ferre demy-file, il faut qu'ils faffent demy-tour à droiƌ, depuis le demy-file en bas ; puis qu'ils marchent, tant que le ferre demy-file, & le demy-file, foient un pas plus avancez que les quarts de rangs du milieu ; apres quoy, ceux qui ont fait demy-tour à droiƌ, feront encore demy-tour à droiƌ.

Cependant que les quarts de rangs des aifles s'ouvrent, comme il eft dit cy-deffus, il faut partager les quarts de rangs du milieu, au demy-rang, & que le quart de rang de main droiƌe, faffe à droiƌ ; & celuy de main gauche, faffe à gauche ; & les faire marcher dans les places qui leur ont efté faites au milieu des quarts de rangs des aifles ; où eftans, celuy qui a fait à droiƌ, fera à gauche ; & celuy qui a fait à gauche, fera à droiƌ, à fin que tout le Bataillon aye un mefme front.

Pour fe remettre, le quart de rang qui a doublé à droiƌ, fera à gauche ; & celuy qui a doublé à gauche, fera à droiƌ, & retourneront en leurs places ; où celuy qui aura fait à droiƌ, fera à gauche, & celuy qui aura fait à gauche, fera à droiƌ : Et au mefme temps, les quarts de rangs des aifles, feront demy-tour à droiƌ, depuis le Chef de file, jufqu'au ferre demy-file ; puis ils fe refferreront, comme ils eftoient avant que de s'ouvrir ; apres quoy, ceux qui auront fait demy-tour à droiƌ, feront encore demy-tour à droiƌ ; & feront remis comme eft la figure d'en haut, en la page 199.

QVARTS DE RANGS DES AISLES, OVVREZ VOVS
EN AVANT ET EN ARRIERE, PAR DEMY-
FILE ET PAR SERRE DEMY-FILE.

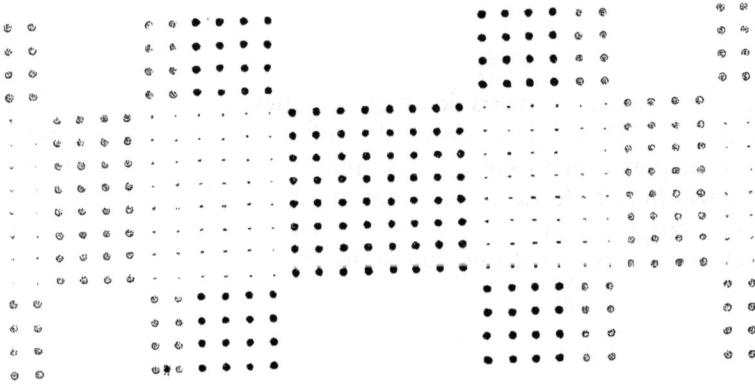

QVARTS DE RANGS DV MILIEV, A DROICT ET
A GAVCHE, DOVBLEZ VOS FILES DANS LE MI-
LIEV DES QVARTS DE RANGS DES AISLES.

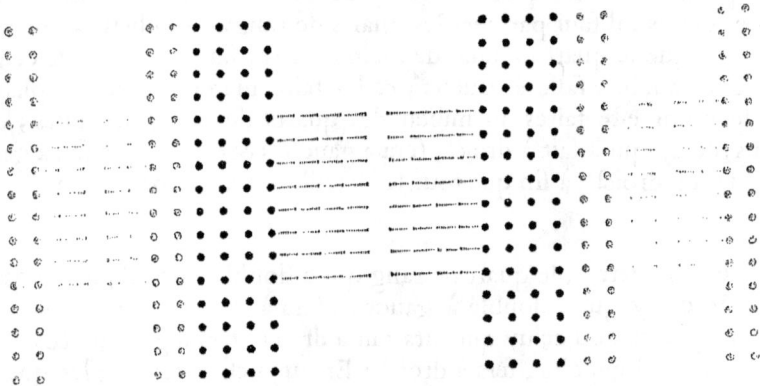

QVARTS DE RANGS DV MILIEV, A DROICT ET
A GAVCHE REMETTEZ VOS FILES.

Cc

Pour ouvrir les quarts de rangs du milieu, en avant & en arriere par demy-file & par ferre demy-file, il faut qu'ils faſſent demy tour à droiƈt, depuis le demy-file en bas ; puis qu'ils marchent, tant que le demy-file & le ferre demy-file foient un pas plus avancez que les quarts de rangs des aiſles, comme ont fait les quarts de rangs des aiſles, en la figure precedente ; apres quoy, ceux qui auront fait demy tour à droiƈt feront encore demy tour à droiƈt.

Au meſme temps que les quarts de rangs du milieu s'ouvriront, comme il eſt monſtré par la figure cy-deſſus ; il faut que le quart de rang de l'aiſle de main droiƈte faſſe à gauche, & celuy de main gauche faſſe à droiƈt ; & qu'ils marchent au milieu des quarts de rangs du milieu ; où eſtans, celuy de main droiƈte fera à droiƈt ; & celuy de main gauche, à gauche, à fin qu'ils faſſent tous un meſme front.

Pour ſe remettre, celuy de main droiƈte fera encore à droiƈt, & celuy de main gauche à gauche, & retourneront en leurs places ; où celuy de main gauche fera à droiƈt, & celuy de main droiƈte fera à

Avertiſſez les quarts de rangs des aiſles pour doubler les files dans le milieu des quarts de rangs du milieu.

QVARTS DE RANGS DV MILIEV, OVVREZ VOVS EN AVANT ET EN ARRIERE PAR DEMY-FILE, ET PAR SERRE DEMY-FILE.

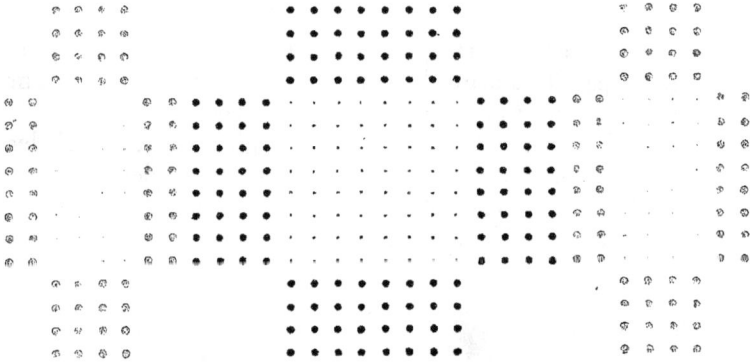

QVARTS DE RANGS DES AISLES, A DROICT ET A GAVCHE, DOVBLEZ VOS FILES DANS LE MI-LIEV DES QVARTS DE RANGS DV MILIEV.

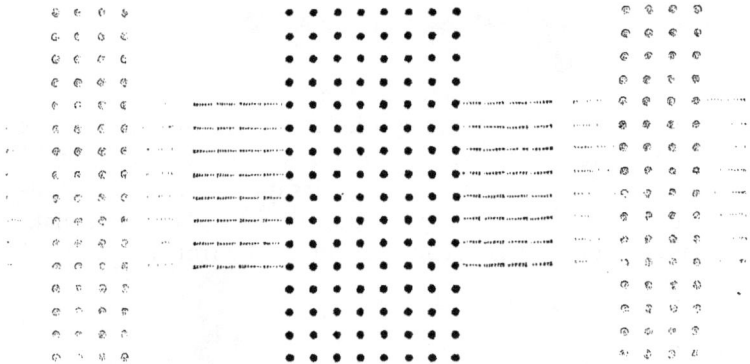

QVARTS DE RANGS DES AISLES, A DROICT ET A GAVCHE REMETTEZ VOS FILES.

Cc ij

gauche ; Et ce-pendant , les quarts de rangs du milieu ayant fait demy tour à droiɛt, depuis le Chef de file jufqu'au Serre demy-file, marcheront auffi jufqu'à leurs places ; où ceux qui auront fait demy tour
à droiɛt, feront encore demy tour à droiɛt, pour eftre remis comme
monftre cette figure.

Pour remettre le Bataillon en fa premiere diftance, on fera faire à la
demy-file, demy tour à droiɛt ; puis on fera marcher tout le monde ,
jufqu'à ce que le Bataillon occupe fon premier terrain ; apres-quoy on
fera faire demy tour à droiɛt, à ceux qui auront fait demy tour à
droiɛt, à fin que le Bataillon foit à fon premier front.

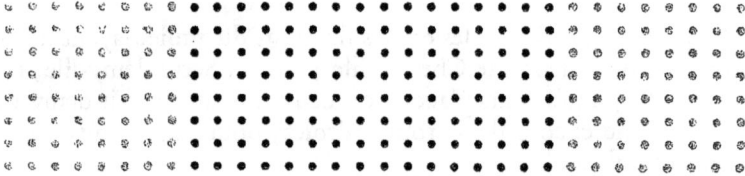

DEMY-FILE, DEMY TOVR A DROICT.

MARCHEZ, TOVT LE MONDE, IVSQV'A VOS PREMIERES DISTANCES.

CEVX QVI ONT FAICT DEMY TOVR A DROICT, DEMY TOVR A DROICT.

Avertissez pour faire la Contremarche par files,

Cc iij

Le Bataillon eſtant remis en ſes premieres diſtances, & le commandement de faire la Contremarche par files eſtant fait , il faut que tout
le Bataillon, partant du pied gauche, marche en avant; & le premier
rang ayant avancé trois grands pas, fera demy tour à droiƈt, & conti-
nura de marcher par les intervales des rangs, ce-pendant que le ſecond
rang marchera juſqu'où le premier a fait demy tour à droiƈt, où eſtant
arrivé il fera auſſi demy tour à droiƈt, & ſuivra le premier ; puis le
trois-ieſme, & tous les autres rangs du Bataillon, ſuivant le meſme
ordre, il ſe trouvera qu'à lors le premier rang ſera arrivé en la place où
eſtoit le dernier, & que le dernier ſera arrivé en la place du premier ;
& c'eſt ce qu'on appelle avoir fait la Contremarche par files .

Pour faire la Contremarche par files, à gauche, il ne faut qu'obſerver ce qui a eſté dit cy-deſſus, exepté qu'au lieu de faire demy tour à
droiƈt, il faut faire demy tour à gauche.

Cette Contremarche eſt utile quand un Bataillon, dans un lieu fort
eſtroit, eſt attaqué en queuë, & que celuy qui commande veut changer la face de ſon Bataillon , & avoir les hommes de la teſte, à la
queuë, le lieu ne luy permettant pas de faire la Converſion.

A DROICT, PAR FILES, FAITES LA CON-
TREMARCHE.   MARCHE.

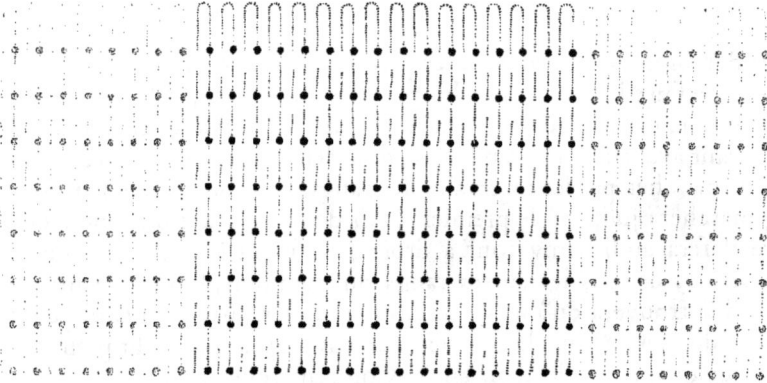

ALTE, LA TESTE.

A GAVCHE, PAR FILES, FAITES LA CON-
TREMARCHE.   MARCHE.

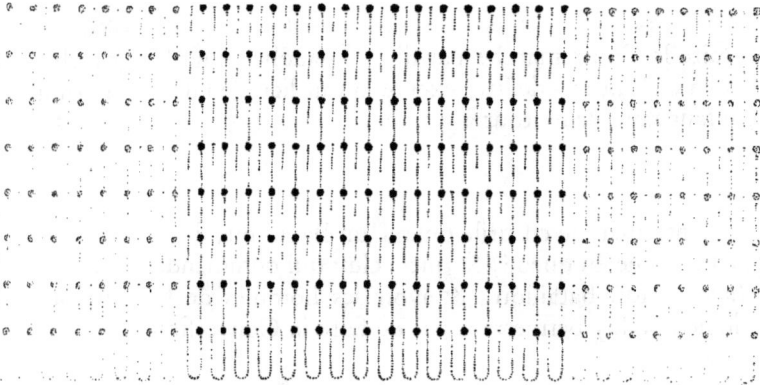

ALTE, LA TESTE.

Avertiſſez pour faire la Contremarche en gagnant le terrain.

Pour faire cette Contremarche, il faut, apres que le premier rang aura fait demy-tour à droiƈt, comme il luy eft commandé; que tous les autres rangs du Bataillon marchent en avant, par les intervales du rang qui a fait demy-tour à droiƈt; & quand le fecond rang aura paffé le premier, d'une diftance egale à celle qui eftoit entr'eux avant qu'il fuft party de fur fon terrain, à lors il fera demy-tour à droiƈt, comme a fait le premier; & tous les autres rangs ayans en fuite fait la mefme chofe, jufqu'au Serre-file, ils auront achevé la Contremarche à droiƈt en gagnant le terrain.

Prenez

PREMIER RANG, DEMY TOVR A DROICT.

PREMIER RANG, METTEZ LA PIQVE EN TERRE.

A DROICT, LA CONTREMARCHE EN GAGNANT LE TERRAIN.   MARCHE.

ALTE, LA TESTE.

Cette Contremarche à gauche en gagnant le terrain, n'eſt differente de la precedente, qu'en ce qu'il faut faire demy tour à gauche, au lieu qu'en l'autre on a faiƈt demy tour à droiƈt.

PREMIER RANG, DEMY TOVR A GAVCHE.

PREMIER RANG, METTEZ LA PIQVE EN TERRE.

A GAVCHE, LA CONTREMARCHE EN GAGNANT LE TERRAIN.   MARCHE.

ALTE, LA TESTE.

Avertiſſez pour faire la Contremarche la file apres ſoy.

Dd ij

Pour faire la Contremarche la file apres foy, c'eſt à dire en quitant le terrain, il faut que tous les Piquiers ayent la pique en terre ; & apres que le commandement de faire la Contremarche la file apres foy, ſera faiƈt, que le premier rang faſſe haut la pique, en faiſant demy tour à droiƈt, mais gravement, & ſans ſe haſter ; puis qu'il marche à petits pas, par les intervales des rangs du Bataillon, qui ce-pendant doit de-meurer ferme ſur ſon terrain ; & faut que châque homme de ce pre-mier rang laiſſe le reſte de ſa file à ſa main droiƈte ; & quand le ſecond rang ſe verra entierement paſſé par le premier, il fera pareillement haut la pique, & demy tour à droiƈt & ſuivra le premier rang ; puis le trois-ieſme ſe voyant auſſi paſſé par le ſecond, fera comme luy haut la pique & demy tour à droiƈt, & ſuivra encore les deux premiers ; & tous les autres rangs marcheront ainſi, l'un apres l'autre, juſqu'au ſerre file, qui, lors que tous les autres l'auront paſſé, fera ſeulement demy tour à droiƈt ſans bouger de ſa place.

Prenez garde à vous pour faire la Contremarche la file apres foy, &
faictes haut la pique, rang par rang, en tournant ; & foudain eftre arrivez à voftre place, mettez la pique en terre ; & faictes la mefme chofe
toutes les fois que vous ferez cette Contremarche.

A DROICT, LA CONTREMARCHE, LA FILE
APRES SOY.   MARCHE.

ALTE, LA TESTE.

Pour faire cette Contremarche à gauche la file apres foy, on obſervera tout ce que nous avons enſeigné en la precedente figure ; exepté
qu'on fera demy tour à gauche.

A GAVCHE, LA CONTREMARCHE, LA FILE APRES SOY. MARCHE.

ALTE, LA TESTE.

Avertiſſez pour faire la Contremarche par Demy-file, & par Serre demy-file.

Prenez garde à vous pour faire la Contremarche par Demy-file, & par Serre demy-file.

HAVT LA PIQVE, TOVT LE MONDE.

PORTEZ VOS ARMES, MOVSQVETAIRES.

Pour faire la Contremarche, à droiƈt, par Demy-file, & par Serre demy-file, il faut que tout le monde ayant fait haut la pique, on faſſe faire demy tour à droiƈt, depuis le Chef de file juſqu'au Serre demy-file ; puis, ſans changer de terrain, le Serre demy-file & le Demy-file feront encore demy tour à droiƈt, & marcheront par les intervales des rangs : mais auſſi-toſt qu'ils auront commencé à marcher, il faudra que les deux rangs les plus proches d'eux, à ſçavoir celuy qui eſt au-deſſus du Serre demy-file, & celuy qui eſt apres le Demy-file, mar-chent juſqu'à la place où eſtoient le Serre demy-file, & le Demy-file ; où eſtans, ils feront pareillement demy tour à droiƈt, & ſuivront les deux qui ont marché les premiers ; puis tous les autres rangs ſuivant ce meſme ordre, il ſe trouvera que lors que le Serre demy-file ſera arrivé en la place du Chef de file, que le Chef de file ſera en celle du Serre demy-file ; & quand le Demy-file ſera au ſerre-file, le Serre-file ſera en la place du Demy-file ; & les autres rangs feront pareille-ment en la place l'un de l'autre, qui eſt faire la Contremarche par De-my-file & par Serre demy-file.

Si l'on veut faire remettre le Bataillon, on fera faire la Contremar-che par Chefs de files, & par Serre-files, qui ſe trouvent à preſent au milieu ; & la Contremarche eſtant faiƈte, le Bataillon ſera remis.

Pour faire la Contremarche à gauche, par Demy-file, & par Serre demy-file, on obſervera ce qui a eſté dit cy-deſſus ; exepté qu'au lieu de faire demy tour à droiƈt, il faut faire demy tour à gauche.

Et pour remettre le Bataillon, on fera pareillement faire la Contre-marche par Chefs de files, & par Serre-files.

CHEFS

CHEFS DE FILES, DEMY TOVR A DROICT.

A DROICT, PAR DEMY-FILE ET PAR SERRE DEMY-
FILE FAICTES LA CONTREMARCHE.
MARCHE.

ALTE, LA TESTE.

A GAVCHE, PAR DEMY-FILE ET PAR SERRE DEMY-
FILE, FAICTES LA CONTREMARCHE.   MARCHE.

ALTE, LA TESTE.

Avertiſſez pour faire la Contremarche par quarts de files.

Prenez garde à vous pour faire la Contremarche par quarts de files.

E e

Pour faire la Contremarche à droiƈt, par quarts de files, il faut obferver, pour la marche, ce qui a eƒté dit en l'expliquation des figures precedentes, où nous avons enfeigné à faire la Contremarche par Demy-file & par Serre demy-file ; & que châque quart de file faƒƒe la Contremarche en foy mefme, comme il eƒt marqué par cefte figure.

Si le Bataillon faiƈt encore une fois la Contremarche par quarts de files, il fe trouvera remis comme il eƒtoit auparavant.

Pour faire cette Contremarche à gauche, par quarts de files, & pour faire remettre le Bataillon, il faut obferver tout ce qui a eƒté dit cydeƒƒus, exepté qu'on fera le demy tour à gauche.

A DROICT, PAR QVARTS DE FILES, FAICTES LA CONTREMARCHE.   MARCHE.

ALTE, LA TESTE.

A GAVCHE, PAR QVARTS DE FILES, FAICTES LA CONTREMARCHE.   MARCHE.

ALTE, LA TESTE.

Avertiſſez pour faire la Contremarche par rangs.

Prenez garde à vous, pour faire la Contremarche par rangs.

E e ij

Pour faire la Contremarche à droict, par rangs, il faut que tout le Bataillon faſſe à droict; qu'en ſuite la file de main droicte faſſe demy tour à droict, & qu'elle marche par les intervales des rangs ; que tout le reſte du Bataillon marche en avant d'un meſme temps ; & quand la ſeconde file de main droicte ſera arrivée à l'endroict où la premiere a tourné, qu'elle tourne pareillement & la ſuive ; que la trois-ieſme, & toutes les autres files du Bataillon, eſtans arrivées au meſme endroict, en faſſent de meſme, & s'entre-ſuivent par le meſme ordre ; & quand la premiere file qui a marché ſera arrivée en la place de la file de main gauche, celle-cy ſe trouvera eſtre en la place de celle de main droicte ; & ainſi des autres files du Bataillon, lequel aura faict la Contremarche par rangs, eſtant toûjours demeuré ſur ſon meſme terrain ; mais il faut que le Bataillon faſſe à gauche, à fin qu'il ſoit remis ſur ſon premier front.

Pour faire cette Contremarche à gauche, il faut que tout le Bataillon faſſe à gauche, & qu'en ſuite on faſſe la meſme choſe qu'en la figure cy-deſſus ; excepté qu'il faut faire demy tour à gauche en partant ; puis quand la Contremarche ſera faicte, faire à droict.

A DROICT, PAR RANGS, FAICTES LA CON-
TREMARCHE.   MARCHE.

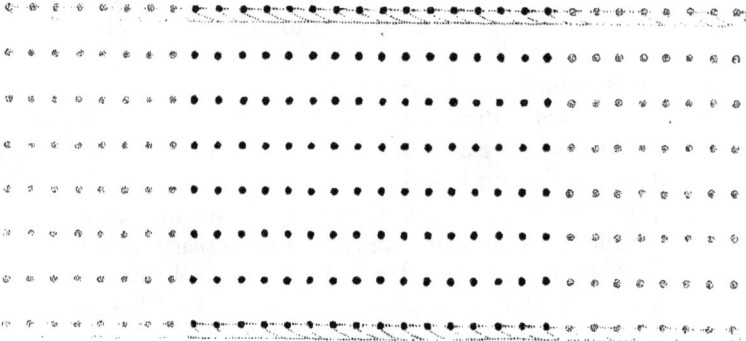

ALTE, LA TESTE.

A GAVCHE, PAR RANGS, FAICTES LA CON-
TREMARCHE.   MARCHE.

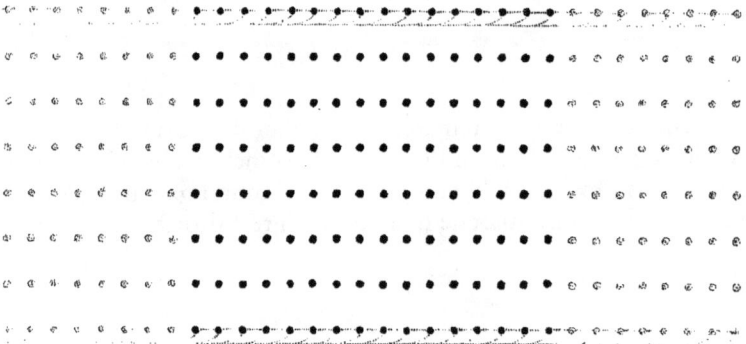

ALTE, LA TESTE.

Avertiffez pour faire la Contremarche par demy rangs.

Prenez garde à vous, pour faire la Contremarche par demy rangs.

E e iij

Pour faire la Contremarche à droict, par demy rangs, on obfervera ce que nous avons dit en la Contremarche par rangs; exepté qu'il faut que les demy rangs la faffent entr'eux, comme il eft monftré par cette figure.

Cette Contremarche à gauche, par demy rangs, fe faict comme la Contremarche par rangs, exepté auffi qu'il faut que les demy rangs la faffent entr'eux.

A DROICT, PAR DEMY RANG, FAICTES LA
CONTREMARCHE.   MARCHE.

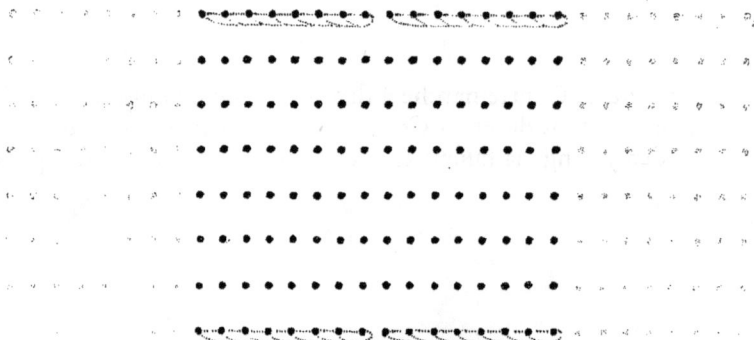

ALTE, LA TESTE.

A GAVCHE, PAR DEMY RANG, FAICTES LA
CONTREMARCHE.   MARCHE.

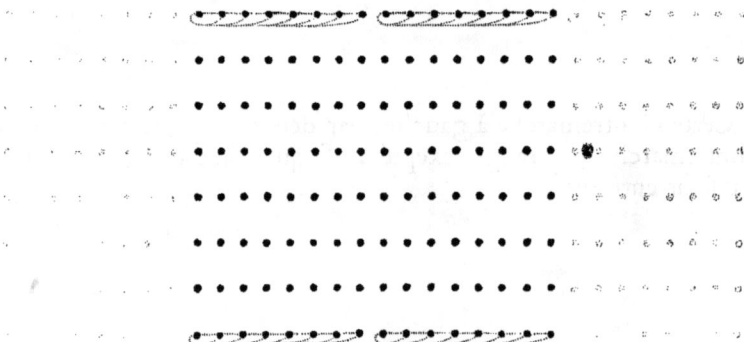

ALTE, LA TESTE.

Avertiſſez pour faire la Contremarche par quarts de rangs.

Prenez garde à vous, pour faire la Contremarche par quarts de rangs.

La Contremarche à droict, par quarts de rangs, se faict aussi comme la Contremarche par rangs, la faisant faire à chaque quart de rang en soy mesme, comme nous avons enseigné cy-devant.

Cette figure faict assez bien connoistre comme il faut faire la Contremarche à gauche, par quarts de rangs ; outre qu'elle n'est differente de la Contremarche à droict, qu'en ce qu'il faut que le Bataillon fasse à gauche, & qu'il fasse encore demy tour à gauche en partant ; puis apres avoir achevé la Contremarche, qu'il fasse à droict, pour estre remis sur son premier front.

A DROICT

A DROICT, PAR QVARTS DE RANGS, FAICTES LA CONTREMARCHE.   MARCHE.

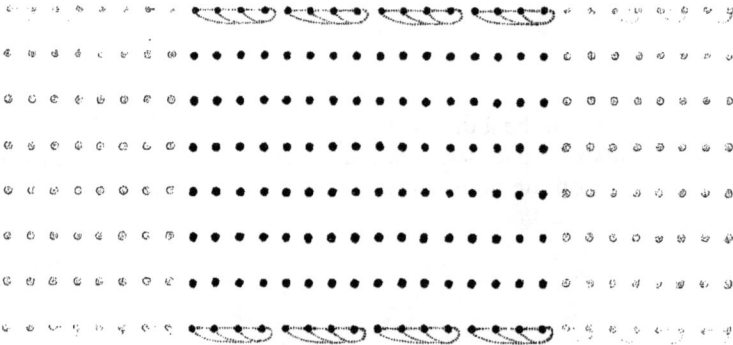

ALTE, LA TESTE.

A GAVCHE, PAR QVARTS DE RANGS, FAICTES LA CONTREMARCHE.   MARCHE.

ALTE, LA TESTE.

Avertiſſez pour faire la Contremarche par rangs, en gagnant le terrain.

Prenez garde à vous, pour faire la Contremarche par rangs, en gagnant le terrain.

Ff

Pour faire la Contremarche à droict, par rangs, en gagnant le terrain, il faut que la premiere file qui eft à main gauche faſſe à droict, & qu'elle marche par les intervales des rangs ; puis quand elle aura paſſé la feconde, celle-cy fera auſſi à droict, fur fon terrain, & la fuivra ; & quand la trois-iefme file fe verra paſſée par la feconde, elle fera pareillement à droict & fuivra les deux premieres ; & toutes les autres files du Bataillon feront le femblable, jufqu'à la file de main droicte, laquelle fera feulement à droict en avançant un pas, comme monftre cefte figure ; puis tout le Bataillon fera à gauche, pour eftre remis fur fon premier front.

DE BATAILLE.

LA FILE DE MAIN DROICTE, A DROICT, ET METTEZ LA PIQVE EN TERR

A DROICT, PAR RANGS, FAICTES LA CONTREMARCHE EN GAGNANT
LE TERRAIN.   MARCHE.

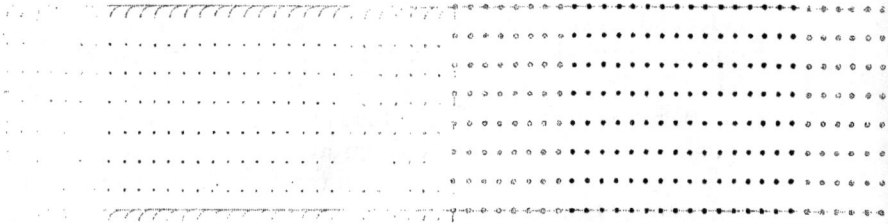

ALTE, LA TESTE.

A GAVCHE, TOVT LE MONDE.

Pour faire la Contremarche à gauche, en gagnant le terrain, il faut obferver la mefme chofe qu'en la figure precedente, excepté qu'il faut commencer par l'aifle droicte, & tourner à gauche au lieu de droict.

LA FILE DE MAIN GAVCHE, A GAVCHE, ET METTEZ LA PIQVE EN TERRE

A GAVCHE, PAR RANGS, FAICTES LA CONTREMARCHE EN GAGNANT
LE TERRAIN.   MARCHE.

ALTE, LA TESTE.

A DROICT, TOVT LE MONDE.

METTEZ VOS PIQVES EN TERRE.

Avertiffez pour faire la Converfion.

HAVT LA PIQVE.

Prenez garde à vous, pour bien faire la Converfion.

Pour faire la Converſion à droiȶ, il faut, ſur toutes choſes, que les rangs & les files ſoient bien droiȶts, & faire que les Soldats gardent bien leurs diſtances en marchant, & mettre au moins un Officier ou Sergent qui ſoit entendu, aupres du Chef de file de l'aiſle droiȶe, & un autre aupres de celuy de la gauche, avec des Sergens ſur les aiſles & à la queuë du Bataillon, pour faïre marcher droiȶ, & empeſcher que les rangs ni les files ſe ſeparent, mais qu'ils marchent toûjours dans leur meſme diſtance. Lors qu'on a commandé de marcher, l'aiſle gauche doit partir la premiere, & faire le tour qui eſt marqué par les grands quarts de cercles de ceſte figure, & faut qu'elle marche aſſez viſte, toute-fois ſans ſe rompre, ce-pendant que l'aiſle droiȶe ne fait que tourner comme monſtrent les petits quarts de cercles. Les petits poinȶts font voir où eſtoit le Bataillon avant qu'il euſt fait le quart de Converſion. Si celuy qui commande veut, il peut faire faire un tour de Converſion tout entier ſans ſe repoſer, obſervant le meſme ordre.

A DROICT, VN QVART DE CONVERSION.
MARCHE.

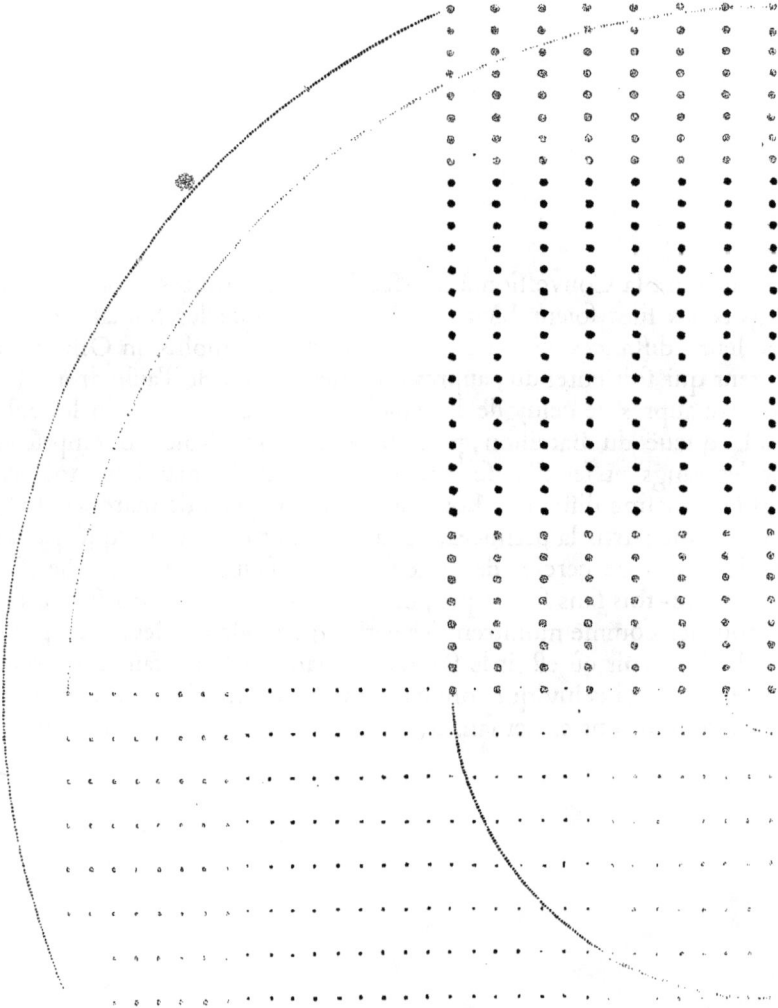

Pour faire la Converfion à gauche, il faut obferver la mefme chofe qu'en la figure precedente, excepté qu'il faut que ce foit l'aifle droicte qui parte la premiere & faffe le grand tour, ce-pendant que l'aifle gauche ne fait que tourner à l'entour du Chef de fa premiere file.

Les Converfions font de toutes les Evolutions ou motions Militaires, celles qui font des plus utiles à la guerre; c'eft pourquoy lon ne s'y fçauroit trop exercer.　　Au combat de Veillanne que Monfieur de Montmorancy gagna, avecque l'Armée du Roy; contre celles de l'Empereur, du Roy d'Efpagne, & du Duc de Savoye, qui vindrent attaquer noftre Arriere-garde; un Bataillon des Gardes commandé par le Sieur de Maleiffie, à prefent Gouverneur de Pignerol, fit un quart de Converfion, pour faire tefte aux Ennemis qui nous preffoient; & leur refifta tellement, que Monfieur de Montmorancy eut le temps d'y venir avec les Gen-d'armes du Roy, ceux de Monfieur, & ceux de Monfieur de Noüailles, lefquels battirent & chafferent les Ennemis.

Monfieur d'Efiat y mena auffi les Chevaux-legers de la garde de fa Majefté, qui firent tres bien leur devoir.

A GAVCHE

A GAVCHE, VN QVART DE CONVERSION.
MARCHE.

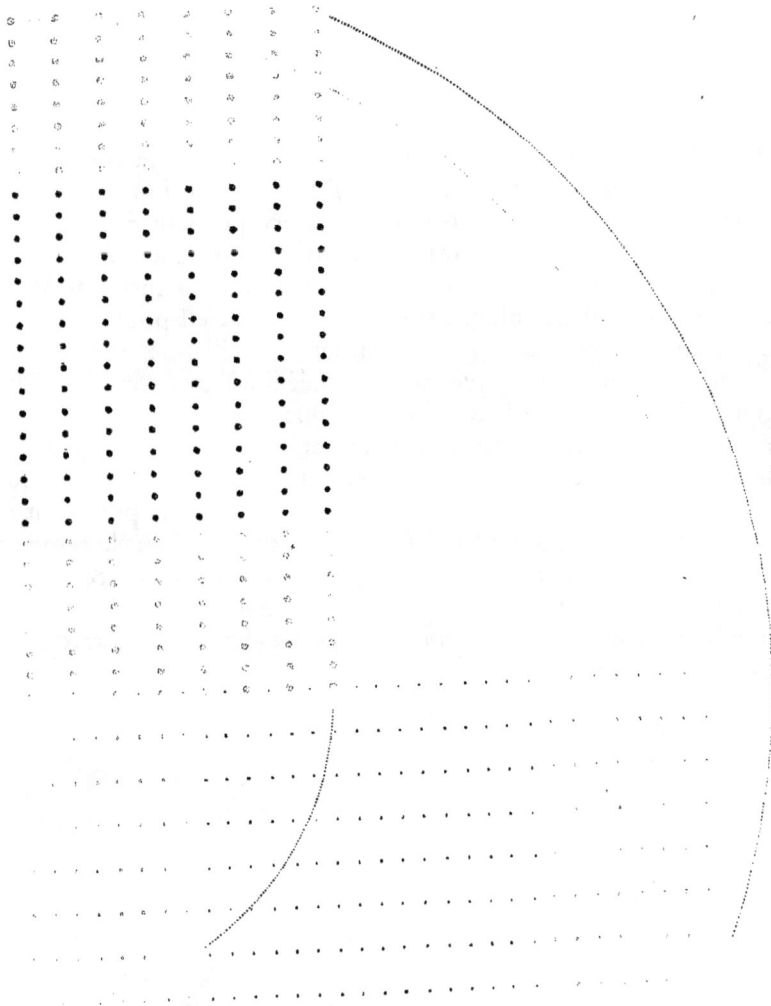

Gg

Pour faire encore une fois un quart de Converſion à gauche, on obſervera tout ce qui a eſté enſeigné en la precedente figure.

Si maintenant on faiſoit encore deux fois un ſemblable quart de Converſion à gauche, ou bien qu'on fiſt tout à la fois un demy tour, le Bataillon ſe trouveroit remis ſur ſon premier front.

A GAVCHE, VN QVART DE CONVERSION.
MARCHE.

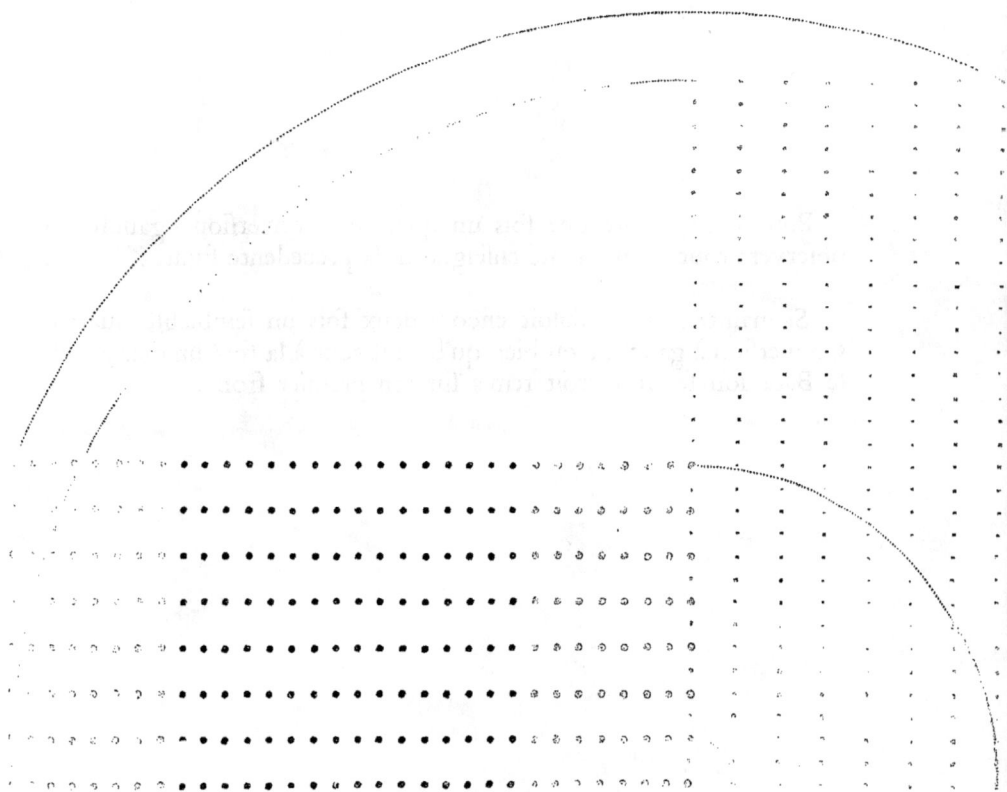

Cefte figure eft un Bataillon, qui fe trouvant à l'entrée d'un pont ou quelqu'autre paffage fort eftroit, eft obligé de le paffer deux à deux.

Pour faire joindre les rangs de Moufquetaires devant les Piquiers, comme reprefente cefte figure, il faut que les Moufquetaires du premier rang qui font à l'aifle droicte faffent à gauche, & que ceux qui font à l'aifle gauche faffent à droict, & qu'ils marchent jufqu'à ce qu'ils fe rencontrent au-droict du demy rang des Piquiers, ou ceux de l'aifle droicte feront à droict, & ceux de la gauche feront à gauche; & lors qu'il leur fera commandé de marcher ils defileront par le demy rang, & fe mettront en deux files. Les Moufquetaires de ce rang ayant defilé, le premier rang des Piquiers les fuivra, defilant par le mefme ordre; cependant le fecond rang de Moufquetaires marchera devant les Piquiers & defilera comme a fait le premier; puis le trois-iefme apres le fecond; & ainfi jufqu'à la fin; & quand ils auront paffé le pont, & qu'ils feront en lieu où ils pourront fe mettre en bataille, il faudra faire remettre le premier rang en fa premiere forme; & du premier au fecond, & tous les autres rangs en fuite, jufqu'à ce que le Bataillon foit formé. Il faut qu'il y ait un Officier, ou du moins un Sergent, avec châque rang, pour former promptement le Bataillon, & faire tefte aux ennemis s'il y en avoit de l'autre cofté. Si le paffage eft plus large, lon pourra defiler par 4, par 6, par 8, ou davantage s'il fe peut; tant plus on paffera à la fois, tant plûtoft le Bataillon fera remis en eftat de combattre. Obfervant bien cet ordre on peut faire paffer un Regiment, voire toute une Armée s'il eft befoin, & la remettre en bataille auffi-toft qu'elle fera paffée. Cette figure monftre comme il faut defiler & comme il faut fe remettre en bataille. On peut auffi fi lon veut paffer par files & reformer de-mefme le Bataillon; mais par rangs il y a moins d'embarras & plus de feureté; outre qu'entre plufieurs raifons qu'on a de defiler par rangs plûtoft que par files, il y en a une tres bonne, qui eft que quand on reforme le Bataillon, s'il a paffé par files, on n'a que deux hommes de front, lequel ne croift qu'à mefure que les files paffent; ainfi le paffage ne peut eftre couvert, & les ennemis peuvent voir, non feulement tout ce qui s'y fait, mais encore ce qu'il y a de monde; au-lieu que paffant par rangs, auffi-toft qu'un rang eft formé, il couvre par un grand front tout ce qui eft derriere. Il y en pourra avoir qui m'objecteront que je me contrarie, & que tenant le party de defiler par rangs, je ne laiffe pas de defiler par files, y reduifant mefme les rangs: mais je leur refpondray que le lieu ne me permettant pas de paffer un rang à la fois, je fuis contraint de le reduire en files; mais auffi-toft que j'ay de l'efpace je fais voir le front du Bataillon, duquel je couvre mon paffage, qui eft mon principal deffein; ce que je ne pourrois pas faire defilant le Bataillon par files.

Premier rang de Mousquetaires, prenez garde à vous.

PREMIER RANG DE MOVSQVETAIRES, IOIGNEZ VOVS DEVANT LES PIQVIERS, ET MARCHEZ, REDVISANT LE RANG EN DEVX FILES.

PREMIER RANG DE PIQVIERS, MARCHEZ A LA QVEVE DV PREMIER RANG DE MOVSQVETAIRES, ET VÕVS REDVISEZ EN DEVX FILES, COMME ILS ONT FAIT.

Sergens, faites defiler & fuivre tout le monde, par le mefme ordre.

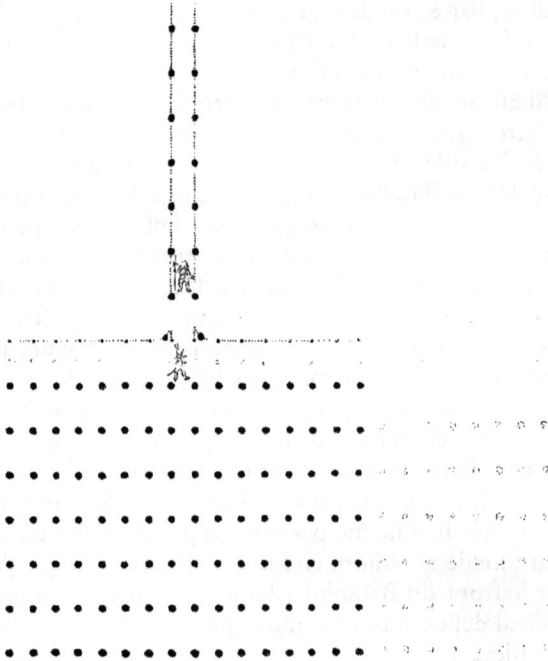

FIN DES EVOLVTIONS.

BATAILLONS.

BATAILLONS.

IVSQV'ICY nous avons affez bien faict entendre les commencemens de ce que doit fçavoir noftre Marefchal de Bataille ; il eft maintenant neceffaire pour le perfectionner dans cette Charge, qu'il fçache parfaitement & avec promptitude dreffer toutes fortes de Bataillons, tant contre la Cavalerie que contre l'Infanterie, pour fe pouvoir fervir en tout temps & en tous lieux des Troupes qu'il aura à faire combattre, & ranger fon Infanterie de forte quelle puiffe fe defendre fans defordre & fans eftre rompuë que par de grands efforts; mefme qu'un petit nombre puiffe combattre & refifter contre un plus grand. De temps en temps les fçavans dans le Meftier de la Guerre, ont inventé des differents Bataillons, que leurs Succeffeurs ont perfectionné, en adjouftant à leur forme ce qui les pouvoit rendre meilleurs. Dans l'Antiquité il n'y avoit que le Rond, l'Ovale & le Quarré qui fuffent connus : Et les premiers Maiftres de la Terre, les Cyrus, les Alexandres & les Cefars ne font point parvenus à la parfaite connoiffance que nous avons à prefent de les former. Le feu Prince d'Auranges Maurice de Naffau, eft un des premiers qui a trouvé l'ufage de les mettre en eftat de refifter mefmes en pleine campagne contre la Cavalerie, ayant trouvé l'invention de vuider les centres, leur faire faire face par tout, mettre fa Moufqueterie à couvert de fes Piquiers qui ont plus de defenfe ; & s'en fervir la faifant fortir par les intervales des rangs des Piquiers, & rentrer en leur place par le mefme chemin apres avoir faict leur defcharge. Il n'a pas feulement mis par ce moyen fes Moufquetaires à couvert, mais mefmes fes Drapeaux & fes Bagages. Entr'autres Bataillons qu'il a inventé, & dont il s'eft fervy en diverfes rencontres, fa grande Croix eft une forterefse d'hommes qui femble inefbranlable. Le feu Sieur de Loftelneau mon Oncle & mon devancier dans la Charge de Major des Gardes du Roy, eft le

premier en France qui a trouvé l’ufage de les drefler , & qui s’eft faiĉt
des regles faciles & tres promptes pour vuider les centres, & les quar-
rer au dedans, quant mefme le nombre d’hommes feroit impair ; &
j’ofe dire à fon avantage qu’il a reduit ce Meftier à des regles infaillibles, d’où des milliers d’Officiers en France ont tiré ce qu’ils en fçavent aujourd’huy. Le feu Roy Louis le Iufte, de tres glorieufe memoire
voulut qu’il euft l’honneur de luy en monftrer les commencemens, auffi
bien qu’il avoit fait le Maniment des Armes & les Evolutions ; & depuis
ce Grand Roy s’y plût & s’y perfeĉtionna de forte qu’il paffa de beaucoup celuy qui l’avoit enfeigné , & fut le plus fçavant Maiftre en cet
Art. Quantité d’autres ont trouvé des inventions pour former des Bataillons, qu’ils reconnoiftront dans ce Livre ; j’y en ay mis quelques-uns
de la mienne ; mais il faut demeurer d’accord que la pluf-part eft tirée
des regles que feu mon Oncle a laiffées, dont il y en a quatre infaillibles pour former les Oĉtogones, ou Bataillons à huiĉt faces ; il y en a
auffi pour tous les autres, tant par figures que par difcours, comme on
pourra voir dans la fuite de ce Livre. I’ay mis en quelques Bataillons
tous les commandemens qu’il faut faire pour les former ; aux autres je
me fuis contenté de dire en combien de parties il les faut couper, où ils
doivent marcher, & la pofture où les hommes doivent eftre pour refifter aux efforts qui feront faits contre eux. Noftre Marefchal de Bataille s’y exercera s’il me croit, & s’en imprimera fi bien toutes les regles dans l’efprit, qu’il ne pourra jamais eftre furpris lors qu’il fera né-
ceffité de fe fervir de fon Infanterie. Plufieurs ont glofé fur les Bataillons contre la Cavalerie, difant qu’ils font inutiles, qu’on n’a jamais le
temps de les former, & que cela n’eft bon qu’à voir au pré aux Clercs ;
mais fi ceux-là s’eftoient quelque-fois trouvez en rafe campagne avec
de l’Infanterie qui ait efté attaquée par de la Cavalerie, ils en auroient
un tout autre fentiment. Ceux qui fe trouverent à la Bataille de Ro-
croy, gagnée par Monfieur le Duc d’Enguien l’an 1643, purent voir
les grands efforts & le fervice que rendit le Regiment de Picardie mis
en forme d’Oĉtogone par le Sieur de Pedamons l’un de fes Capitaines,
qui ce jour là fe fignala à la conduite des Enfans perdus de ce Corps.
Ie pourrois citer en ce lieu mille autres exemples arrivez de noftre
temps, mais ayant toûjours preferé les effets aux paroles , je finiray ce
difcours , commençant à enfeigner comme on forme toutes fortes de
Bataillons, à fin que ceux qui les croyant tres utiles , font feulement
rebutez par la difficulté qu’ils penfent qu’il y a de les former en tant de
fortes de figures, ceffent de l’eftre quand ils connoiftront par experience qu’il n’eft rien de plus facile .

Ce premier Bataillon n'eſt que le vulguaire, il contient en tout ſix cens quarante hommes, à ſçavoir 320 Mouſquetaires & 320 Piquiers, à 8 de hauteur & 80 de front.

Ce Bataillon eſt de meſme que le precedent , exepté les quatre plotons qui ſont aux encoingnures. On peut exercer les Soldats tant aux
Evolutions qu'au Maniment de leurs Armes , en faiſant rejoindre les
plotons deſtachez au Bataillon.

Pour faire trois Bataillons de ce prefent Bataillon, il le faut couper à la demy - file ; & depuis le Demy - file jufqu'au Serre - file le couper au demy rang ; commander au demy rang de Moufquetaires de l'aifle droiéte qui joint les Piquiers, de faire à gauche, & au demy rang de l'aifle gauche qui joint auffi les Piquiers, de faire à droiét, le refte des Moufquetaires demeurant ferme fur fon terrain ; puis commander au demy rang de Piquiers de main droiéte, de la demy file, de faire à droit & à l'autre demy rang de faire à gauche ; faire marcher les Moufque-taires qui ont faiét à droiét & à gauche, par les intervales des Piquiers, & les Piquiers par les intervales des Moufquetaires, tant que les Mouf-quetaires fe joignent dans le milieu, & que les Piquiers foient joints aux Moufquetaires qui n'ont bougé de fur leur terrain, comme monftre cette figure ; & apres avoir faiét remettre ceux qui ont marché fur leur premier front, le Bataillon fera formé.

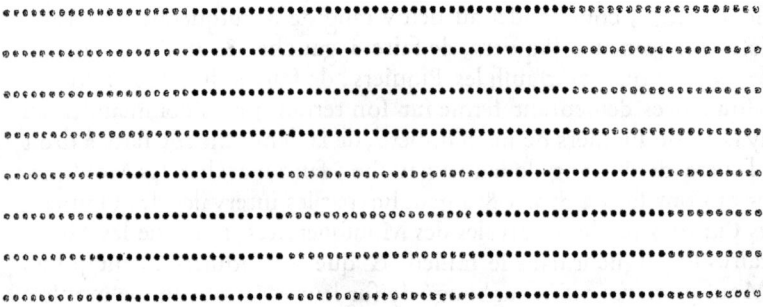

Ce Bataillon eft le mefme que le precedent, on voit affez comme la demy‑file eft ouverte à droiſt & à gauche par demy rang.

DE BATAILLE.

Ce Bataillon eſt encore le meſme que les deux precedens ; il eſt aiſé
de voir comme il eſtoit auparavant, & comme les deux Bataillons des
aiſles ont tourné ; ce dernier eſt mieux en eſtat de combattre que les
deux autres. On peut en cette ſorte combattre les ennemis, quoy qu'ils
ſoient egaux ou en plus grand nombre, & ſans qu'ils s'en apperçoivent
les attaquer par la teſte & par les flancs, ayant faict marcher le premier
de ces trois juſqu'à la longueur de la pique.   Il faut mettre des bons
Chefs à toutes les teſtes, pour eviter la confuſion lors qu'il faudra faire
le quart de converſion pour attaquer les ennemis par les aiſles.

....

....

....

....

Front.

....

....

....

....

Ce Bataillon eſt de meſme nombre que les precedents, & eſt ſelon les anciens ordres avec plotons.

Ce Bataillon eſt ſelon les anciens Ordres de l'Infanterie , avecque manches & plotons; les plotons & manches ſont Mouſquetaires .

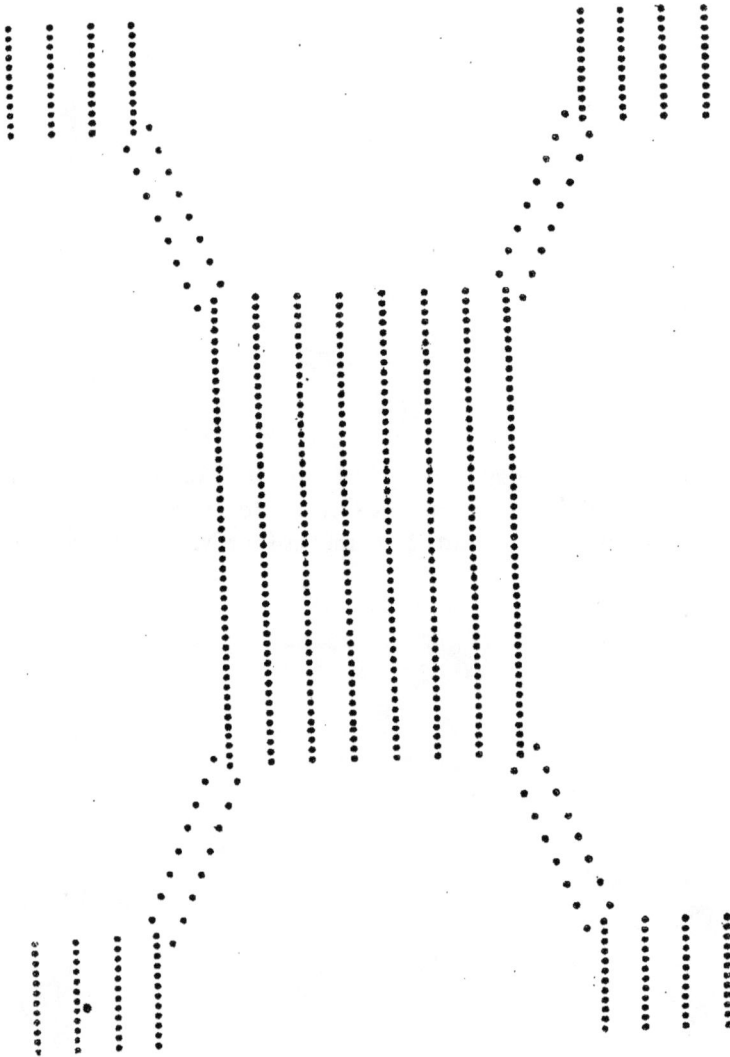

Kk

Ce Bataillon eſt encor ſelon les anciens ordres, avec plotons; il doit eſtre quarré de Piquiers ; & parce qu'ordinairement on a davantage de Mouſquetaires que de Piquiers , on s'en peut ſervir utilement & avec facilité, ſuivant cette figure .

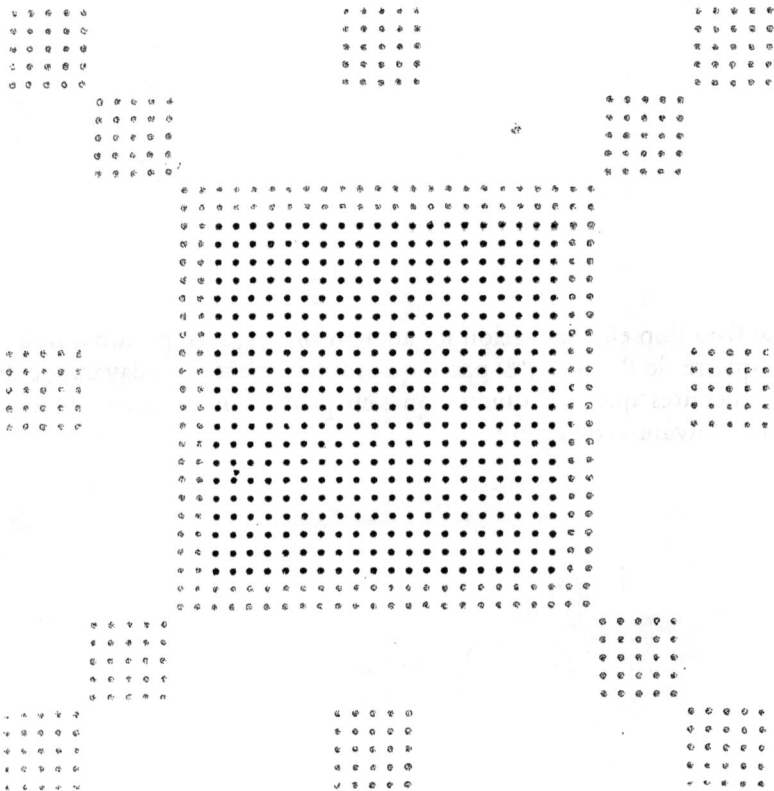

Ce Bataillon eſt le meſme que les precedens, excepté qu'entre deux files de Piquiers il y en a une de Mouſquetaires, ce qui ſe peut pratiquer pour decevoir les ennemis, qui ne jugeront pas à quoy un tel ordre eſt bon, duquel il eſt facile de ſe ſervir en un inſtant des Mouſquetaires les faiſant ſortir hors des Piquiers en avant ou en arriere.

On voit en ce Bataillon un rang entier de Moufquetaires , puis un de Piquiers , & ainfi de fuite , de-quoy nous ne dirons rien davantage , n'eftant pas difficile à faire ; & quand on voudra fe fervir des Moufque-taires on les fera fortir par les intervales des Piquiers.

Si vous avez 400 Piquiers pour faire le Bataillon **A** , il les faut mettre à 10 de hauteur & 40 de front, en faire quatre Bataillons egaux, de
100 Piquiers châcun, que vous difpoferez comme monftre la figure B.
Il faut 740 Moufquetaires, à 10 de hauteur & 74 de front, qui doivent
eftre aux flancs des Piquiers au premier ordre, defquels vous prendrez
64 pour le centre du milieu ; 25 pour châcun des petits quarrez , qui
font 200 Moufquetaires pour les huict quarrez ; 100 pour châcun des
quatre quarrez qui forment une croix de Moufquetaires, d'où font tirez 20 Moufquetaires pour châque manche ; & des 76 qui reftent vous
en ferez la bordure du dehors de châcun Bataillon de Piquiers.

B

A

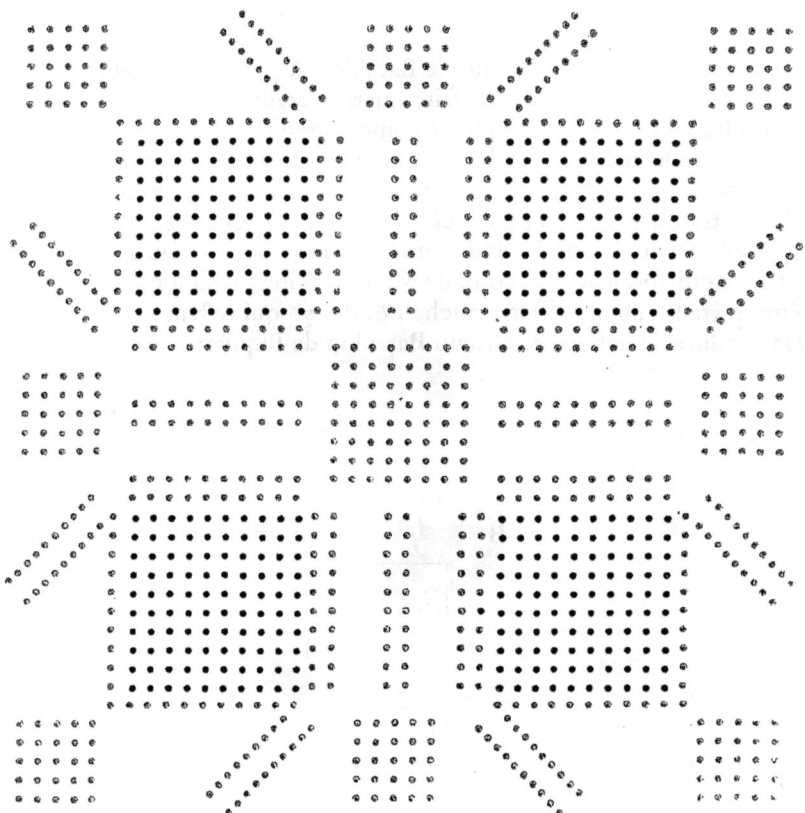

Si vous avez 288 Piquiers & 360 Mousquetaires pour faire la Croix
de Lorraine B, mettez vos Mousquetaires à 12 de hauteur & 30 de front
comme monstre la figure C; mettez pareillement vos Piquiers à 12 de
hauteur desquels vous mettrez la moitié à châque flanc des Mousquetaires; prenez les 18 files de Mousquetaires du milieu & les disposez selon la figure D, qui est l'arbre de la croix, lequel doit estre de 36 hommes de hauteur & 6 de front; & les 6 files qui sont à droict & 6 à gauche coupez les à la demy-file & les faictes marcher en avant & en arriere comme monstre ladicte figure D. Puis pour faire joindre les Piquiers aux Mousquetaires prenez 6 files de Piquiers à droict & 6 à gauche, & les faictes marcher dans l'intervale des demy-files de Mousquetaires qui ont marché en avant & en arriere; & les 6 autres files qui
sont à droict & 6 à gauche coupez les à la demy-file, & faictes marcher
châque partie dans châcun angle des deux bouts de la croix, faictes les
ferrer contre les Mousquetaires & le Bataillon sera formé. Les Mousquetaires se peuvent destacher pour aler faire leur descharge, puis apres
reprendre leurs places.

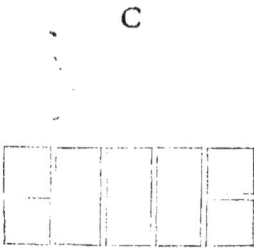

C

D

Ce Bataillon, E, eſt encore la Croix de Lorraine ; on peut voir par cette figure comme les Mouſquetaires ſe ſont deſtachez pour aller faire leur deſcharge. Il faut ordonner un Officier à chaque Bataillon de Mouſquetaires, pour les conduire & pour les faire tirer par ordre ; ils partiront pour aller faire leur ſalve, auſſi-toſt qu'ils entendront battre l'allarme, & ſe retireront quand on battra aux champs ; le tout avec promptitude & jugement.

E

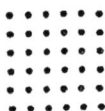 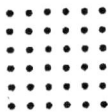

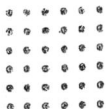  

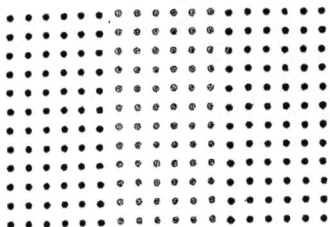

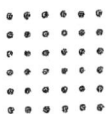 

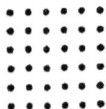 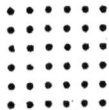

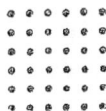

Ll iij

Pour mettre la Croix de Lorraine en cette figure F il faut la couper
à la demy - file, faire faire à droiĉt aux demy - files & les faire marcher
tant que le dernier rang foit plus avancé d'un pas que la file de main
droite des Chefs de files, qui ne doivent pas avoir bougé de leur place;
puis leur faire faire à gauche, à fin qu'ils ayent tous un mefme front;
faire fortir les quarrez de Moufquetaires fuivant cette figure, pour aller
faire leur defcharge, eftant toûjours conduits par des Officiers, pour
les raifons diĉtes en la figure precedente.

F

Si vous avez 196 Piquiers pour en faire le Bataillon G, faictes en un quarré de 14 files & 14 rangs, comme monftre la figure H, puis prenez 6 hommes de châque angle, fçavoir 3 de la premiere file, 2 de la feconde & un de la troisiefme, defquels 6 hommes vous ferez une file, que vous mettrez à châcune des quatre faces vis à vis des 6 files du milieu, comme on voit en la mefme figure H, ce qu'eftant faict vous mettrez deux files de Moufquetaires tout à l'entour, & le Bataillon fera formé.

H

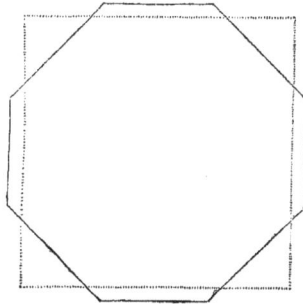

Si vous avez 400 Piquiers, pour en faire le Bataillon I vous ferez un quarré de 20 files & 20 rangs, duquel vous prendrez 10 hommes de châque angle, à fçavoir 4 de la premiere file, 3 de la feconde, 2 de la trois-iefme, & un de la quatr'iefme, dont vous ferez une file que vous placerez au-droit des 10 files du milieu de châque face, comme le tout eft demonftré par ladite figure H ; puis mettrez au-tour deux files de Moufquetaires, les ferez apprefter & prefenter les Armes par tout. La force de ces deux Bataillons eft aux Piquiers.

G

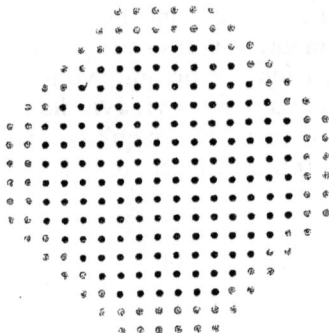

I

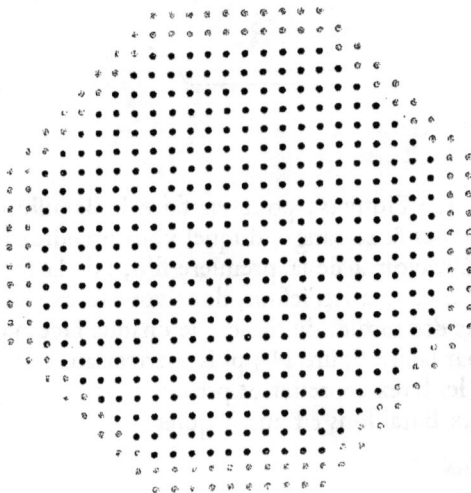

Le Bataillon A, eſt de 40 Piquiers, eſtant au premier ordre à 4 de hauteur & 10 de front, comme monſtre la figure B ; pour le former il faut couper 2 files à droiƈt & 2 à gauche, dont on fera les angles, apres les avoir coupées à la demy-file ; partager les 6 files qui reſtent au de-my rang & à la demy-file, & en former la croix par quart de conver-ſion, amener les angles aux encongneures & le Bataillon ſera formé. Il y faut 9 Mouſquetaires dans le centre, & 32 pour la bordure, qui ſont en tout 41 Mouſquetaires.

B

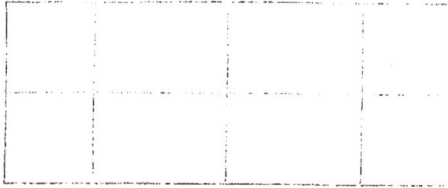

Le Bataillon, C, eſt de 64 Piquiers, eſtant au premier ordre à 8 de hauteur & 8 de front ; pour le former à huiƈt faces, ou en Oƈtogone, il faut vuider le centre & en prendre 16 hommes, deſquels on mettra deux files de deux hommes à châcune des quatre faces, puis emouſſer les angles & le Bataillon à huiƈt faces ſera formé. Il faut 36 Mouſque-taires dans le centre, & 96 pour la bordure, qui ſont en tout 132.

A

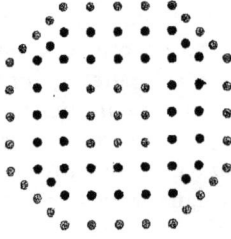

C

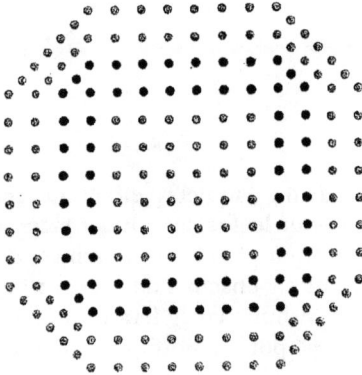

Mm ij

Ce Bataillon, A, eſt de 500 Piquiers diſpoſez en forme de croix, &
de 400 Mouſquetaires qui font les encoingneures ; pour le former il
faut mettre le tout à 10 de hauteur & 90 de front, qui ſont 40 files de
Mouſquetaires & 50 de Piquiers; puis couper les Piquiers en cinq parts
egales & les Mouſquetaires en quatre, comme le tout eſt monſtré par
la figure B ; mettre les Piquiers en croix comme monſtre la figure C;
amener les Mouſquetaires aux angles, & le Bataillon ſera formé.

B

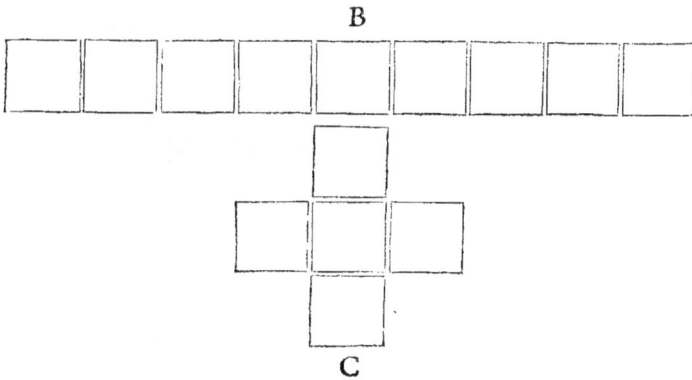

C

A

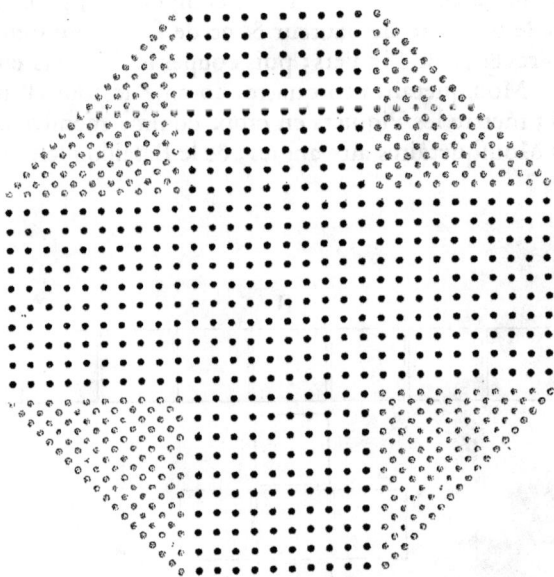

Ce Bataillon est une croix de 500 Mousquetaires, & 400 Piquiers qui font les encoingneures; pour le former il faut mettre le tout à 10 de hauteur & 90 de front, comme en la precedente figure, couper les Mousquetaires en cinq parts egales & en former la croix representée par la figure C, faire quatre parts egales des Piquiers & les placer aux angles, qu'il faudra faire emousser, & le Bataillon sera formé.

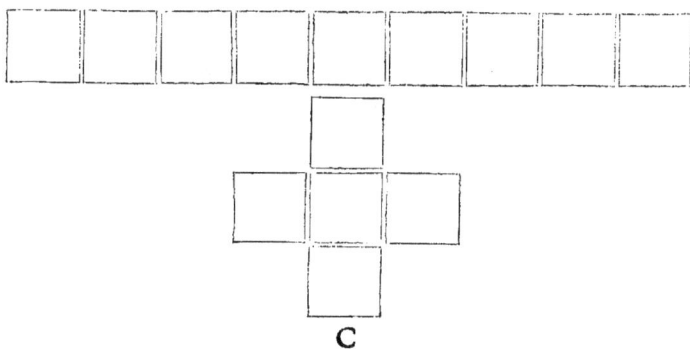

C

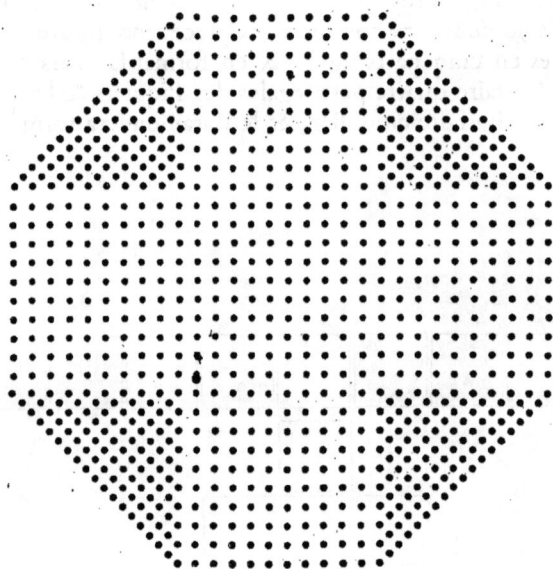

Ce Bataillon eſt encore de 500 Mouſquetaires & de 400 Piquiers;
ayant faiĉt de tout un Bataillon à 10 de hauteur & 90 de front comme
aux precedentes figures, & coupé les Piquiers en quatre parts egales, il
en faut former une croix, comme monſtre la figure C, laiſſant le centre vuide, dans lequel il faut faire entrer 100 Mouſquetaires, & les 400
qui reſtent eſtant coupez en quatre parts egales & mis châque partie à
châcun des angles de la croix, il ne faudra que les emouſſer, & le Bataillon, D, ſera formé.

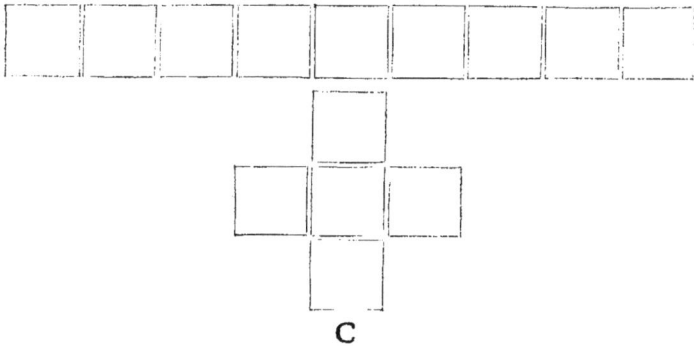

C

D

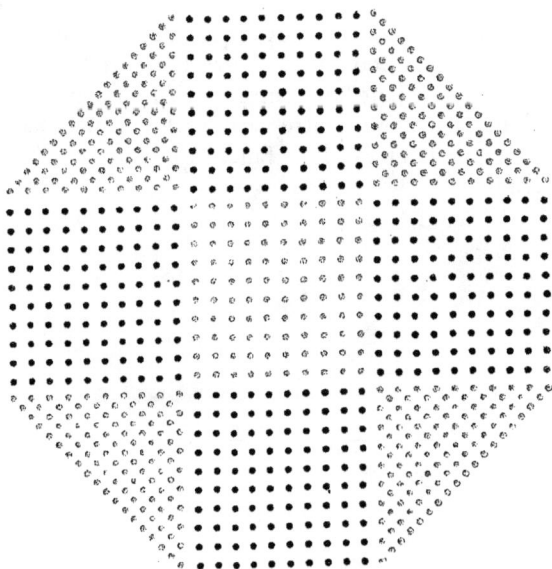

Si vous avez 72 Piquiers defquels vous vouliez faire le Bataillon A, mettez les à 6 de hauteur & 12 de front, comme il eft reprefenté par la figure B, puis coupez 3 files à droiét & 3 à gauche & les laiffez fur leur terrain, & les 6 files qui reftent dans le milieu coupez les en quatre parts egales & en formez la croix qui fe voit en la figure C, ce qu'ayant faiét vous couperez à la demy-file les trois files à droiét & les trois à gauche que vous avez laiffé fur leur terrain, & les ferez marcher dans les angles de la croix & le Bataillon fera formé. Il faut auffi mettre les Moufquetaires à 6 de hauteur, qu'on peut laiffer à la queuë ou aux flancs du Bataillon, defquels il en faut mettre 9 dans le centre, & 88 pour faire la bordure, puis emouffer les angles fi lon veut & prefenter les Armes par tout.

B   C

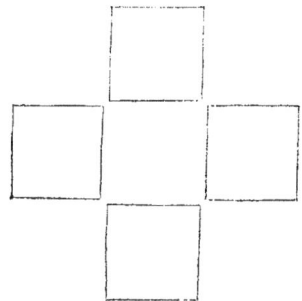

A

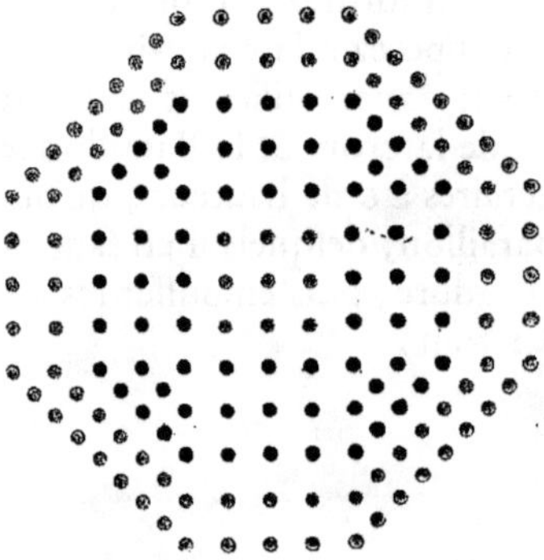

Pagination incorrecte — date incorrecte

NF Z 43-120-12

Ce Bataillon, D, eſt de 128 Piquiers, deſquels il a fallu faire un Bataillon à 8 de hauteur & 16 de front, comme monſtre la figure E, puis
le diſtribuer comme nous avons enſeigné en la figure precedente, &
comme nous dirons aux deux qui ſuivent ; mais comme ce Livre ne
contient que cinq Regles principales pour former toutes ſortes de Bataillons en Octogone : nous avons eſtimé devoir enſeigner une fois en
châcune les commandemens qu'il faut faire pour les former ; ceux de
cette Regle, de laquelle le front eſt double de la hauteur, ſe font ainſi ;
Prenez garde à vous, demy-file. Quarts de rangs de main droicte & de
main gauche de la demy-file, demy tour à droict. Marchent tous les
quarts de rangs de main droicte & de main gauche juſqu'aux angles
des quarts de rangs du milieu. Quarts de rangs du milieu, prenez garde à vous. Quart de rang de main droicte, depuis le Chef de file juſqu'au Demy-file, marche juſqu'à l'angle du quart de rang de main
gauche. Demy-file à droict : marche tant que le Serre-file ſoit un pas
plus avant que la file de main droicte de ceux qui n'ont bougé de ſur
leur terrain. Demy-file de ceux qui ont marché les derniers, à droict.
Chefs de files, à gauche, & marchez tant que la croix ſoit formée.
Derniers qui ont marché, à droict. Quarts de rangs qui avez marché
les premiers, marchez dans les angles de la croix, & faites front en
dehors.

E

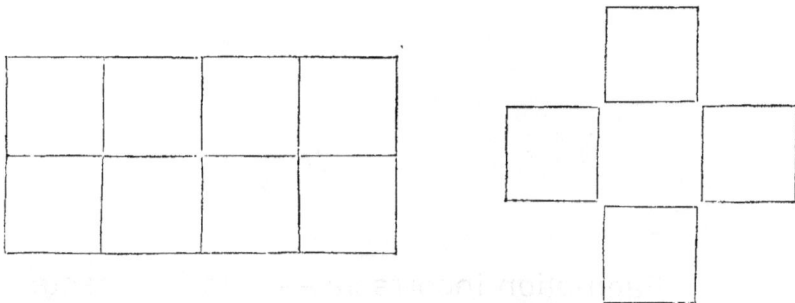

D

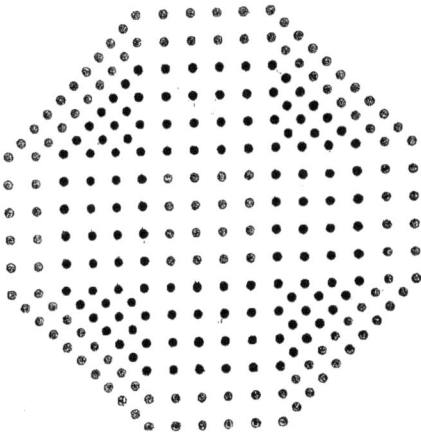

Ce Bataillon G, eft de 200 Piquiers ; pour le former il les faut mettre à 10 de hauteur & 20 de front comme monftre la figure H, couper
5 files à droiɕt & 5 à gauche & les laiffer fur leur terrain ; faire quatre
parts egales des 10 files du milieu pour faire la croix I, puis couper les
10 files qui font demeurées fur leur terrain à la demy-file, & les faire
marcher dans les angles de la croix, & le Bataillon fera formé. Il faut
mettre 25 Moufquetaires dans le centre des Piquiers, & pour les deux
files de la bordure il en faut 136, qui font en tout 161 Moufquetaires.

H

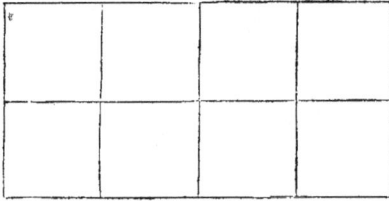

1

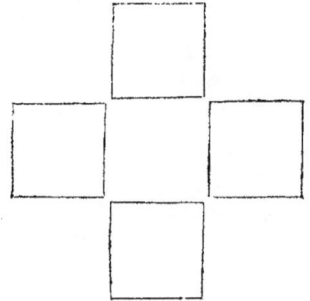

G

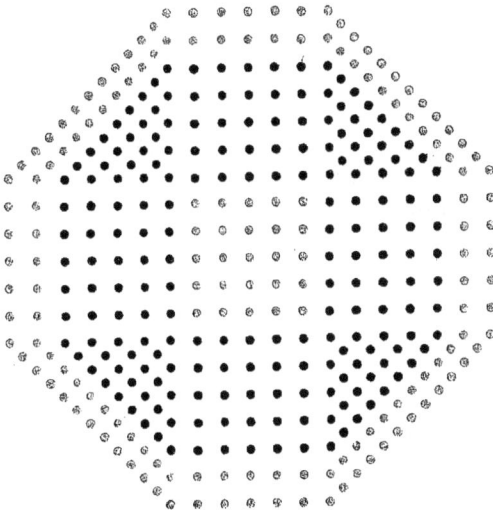

Si vous avez 288 Piquiers pour faire le Bataillon **L**, il faut les mettre à 12 de hauteur & 24 de front, comme monſtre la figure **M**, puis faut prendre 6 files à droiᏈ & 6 à gauche & les couper à la demy-file pour faire les angles ; & couper les 12 files du milieu en quatre parts egales pour faire la croix **N**, dans les angles de laquelle ayant faiᏈ marcher les 12 files qui ont eſté coupées à droiᏈ & à gauche, le Bataillon ſera formé. Les Mouſquetaires ſe doivent pareillement mettre à 12 de hauteur, deſquels en faut mettre 36 dans le centre des Piquiers ; & pour deux files tout au-tour 160. Quand on ſera preſt de combattre il faudra faire emouſſer les angles comme on voit ladite figure **L**, & faire preſenter les Armes par tout.

M

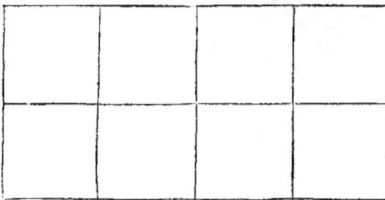

N

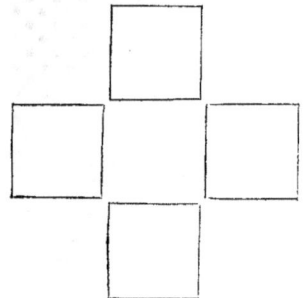

L

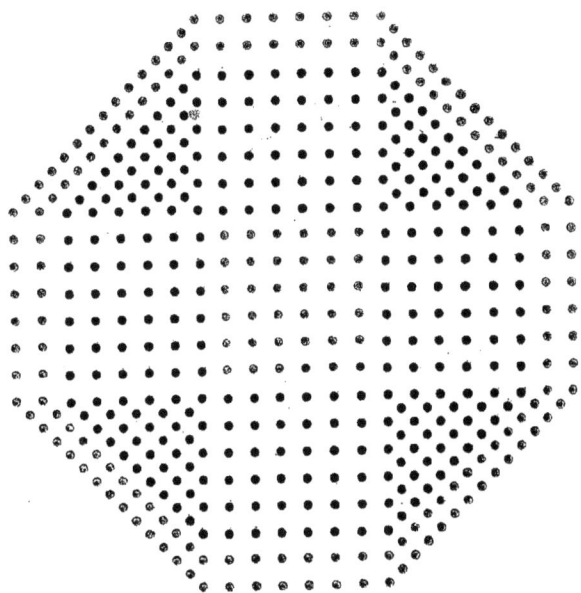

Si vous avez 288 Piquiers pour faire le Bataillon O, mettez les à 12 de hauteur & 24 de front, comme le monſtre la figure P ; puis prenez 6 files à droiſt & 6 à gauche, coupez les à la demy-file & faiſtes marcher châque partie juſques aux angles des 12 files du milieu, comme monſtre la figure Q , & le Bataillon ſera formé . Il faut 312 Mouſquetaires , à 12 de hauteur & 26 de front , deſquels vous ferez deux files au-tour de tout le Bataillon, comme on voit en ladite figure O .

P

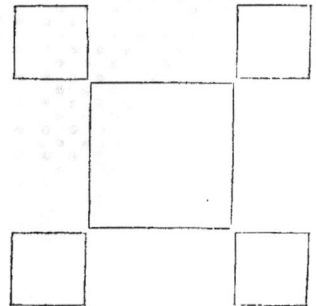

Q

O

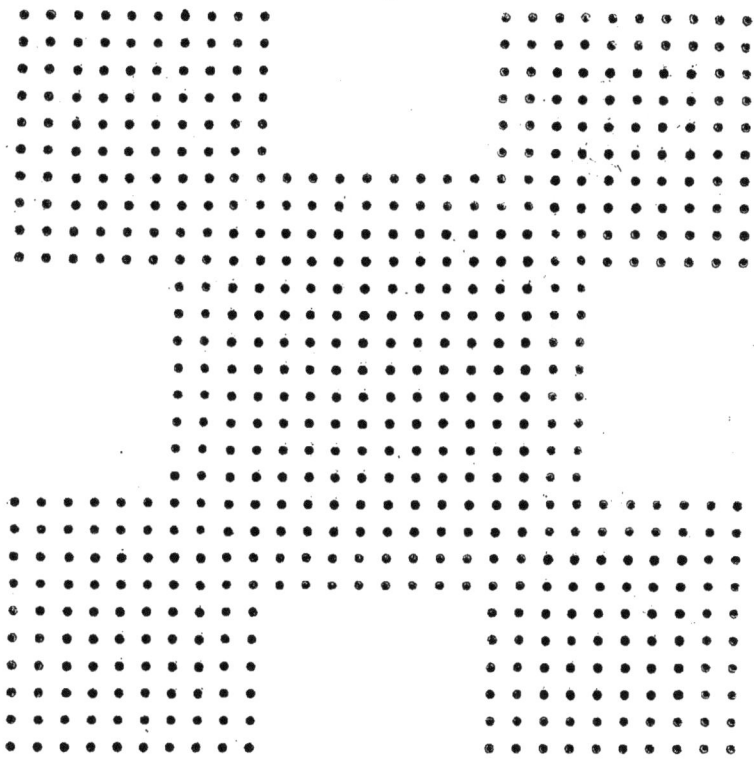

Si vous avez 800 Piquiers pour faire le Bataillon , R , mettez les à 10 de hauteur & 20 de front , comme monftre la figure , S ; puis prenez 10 files à droiƈt & 10 à gauche, coupez les à la demy-file, & les faiƈtes marcher tant qu'elles foient aux angles ou cornes des 20 files du milieu comme monftre la figure , T. Il faut auffi 800 Moufquetaires, qui doivent eftre aux flancs du premier ordre des Piquiers à la mefme hauteur, defquels vous prendrez 10 files au flanc droiƈt que vous placerez au front du Bataillon, puis 10 files au flanc gauche que vous placerez à la queuë ; & les 10 files qui reftent au flanc droiƈt, & autant au gauche, vous les ferez ferrer contre les Piquiers , comme le tout eft reprefenté par la figure R. Cette forme de Bataillon eft bonne pour en tirer plufieurs Ordres, puis qu'en un moment on en peut former deux, ou quatre fi lon veut ; & un qu'on peut feparer en cinq.

S   T

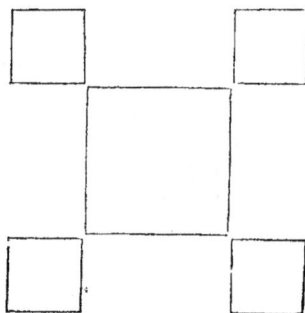

R

Ce Bataillon eſt de meſme que le precedent, quant aux Piquiers, &
ſe forme de la meſme façon. Il faut 500 Mouſquetaires, à 10 de hauteur & 25 de front, deſquels ſont faictes les deux files de la bordure.

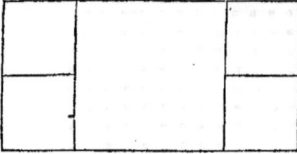

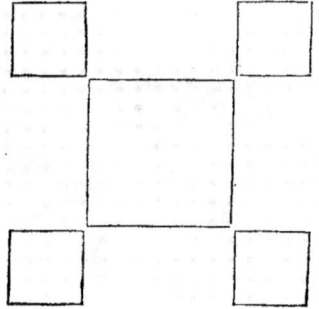

V

Ce Bataillon , A , eſt de 128 Piquiers; pour le former il les faut mettre à 8 de hauteur & 16 de front, comme monſtre la figure B ; puis en
prendre 4 files à droiɛt & 4 à gauche & les laiſſer ſur leur terrain; couper les 8 files du milieu à la demy-file, & en faire marcher la moitié en
avant & l'autre en arriere, pour former la croix C, & vous aurez faiɛt
quatre Bataillons egaux; de châcun deſquels faut prendre 2 files à droit
& 2 à gauche & les laiſſer ſur leur terrain ; faire marcher en avant les
4 files du milieu, & quand le dernier rang ſera plus avancé d'un pas
que le premier des files qui ſont demeurées ſur leur terrain, faudra faire
alte ; les couper à la demy-file , & en faire marcher la moitié à droiɛt
& l'autre à gauche, dans les angles, qui ſeront de 4 hommes châcun ;
obſerver la meſme choſe aux trois autres branches de la croix , & le
Bataillon ſera formé. Il y a auſſi 180 Mouſquetaires; à ſçavoir 16 dans
le centre du Bataillon ; 16 dans le centre de chacune branche ; 16 qu'il
faut partager en quatre parts egales pour mettre dans les quatre angles
au-tour du centre du Bataillon ; & 84 pour en faire la bordure.

B　　　　　　　　　　　　　　　　　　　C

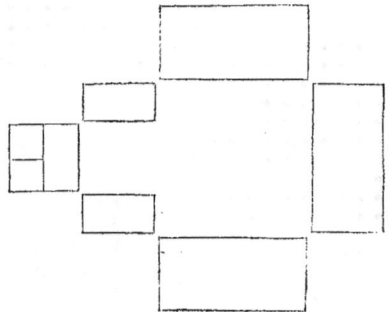

A

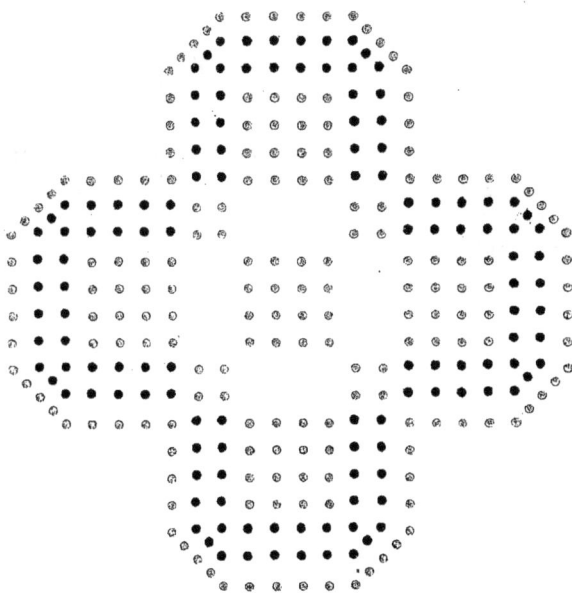

Pour faire la Croix , D, qui eſt de 288 Piquiers, il les faut mettre à 12 de hauteur & 24 de front, comme monſtre la figure E ; prendre 6 fi-les à droiɗ & 6 à gauche & les laiſſer ſur leur terrain ; couper les 12 files du milieu à la demy-file, en faire marcher la moitié en avant & l'autre en arriere, juſqu'à ce qu'ils ſoient un pas plus avant que les files qui ſont demeurées ſur leur terrain, & la croix F, ſera formée ; de châque branche de laquelle il faut prendre 3 files à droiɗ & 3 à gauche & les laiſſer ſur leur terrain ; faire marcher les 6 files du milieu un pas plus avant que le premier rang des 3 files demeurées ſur leur terrain ; couper les files qui auront marché à la demy-file, pour de la moitié faire deux angles, comme le tout eſt repreſenté par ladiɗe figure, F. Il faut 480 Mouſquetaires, à 12 de hauteur & 40 de front, à ſçavoir 36 dans cha-cun des centres, & 36 qu'il faudra partager en quatre parts egales pour mettre dans les angles du dedans ; & pour deux files tout au-tour 256.

E   F

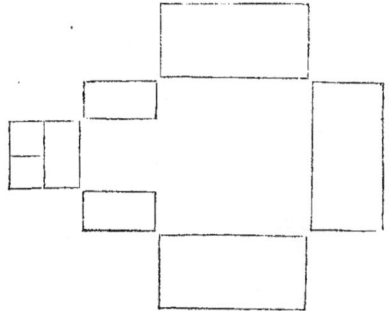

D

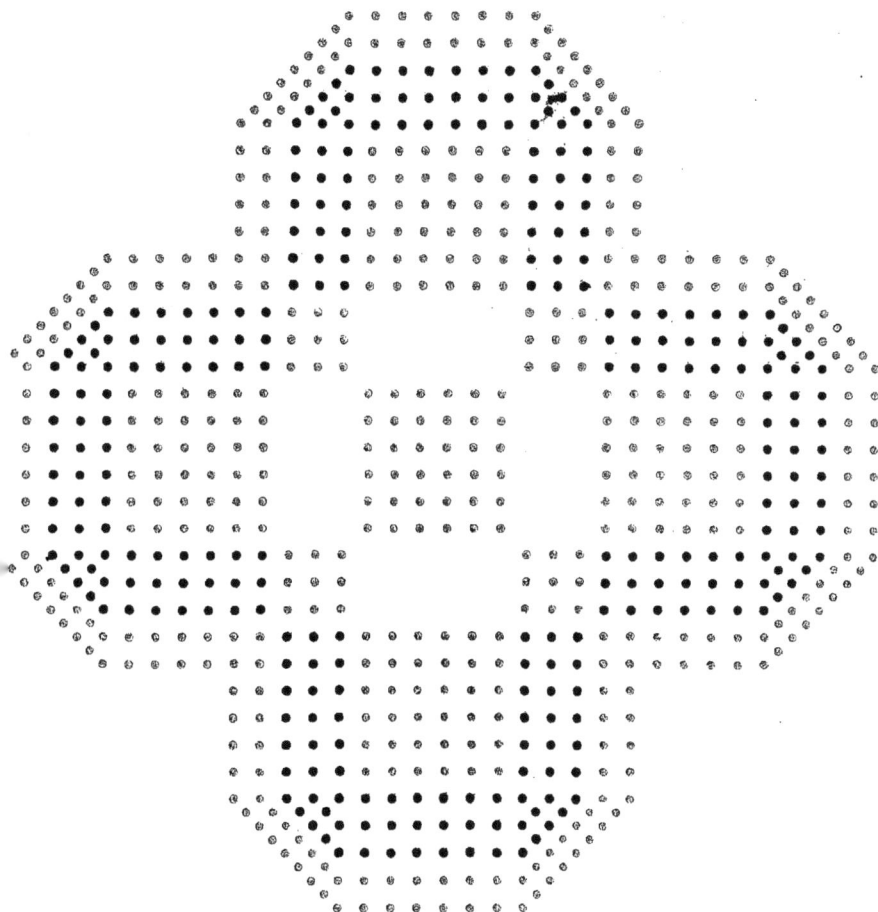

Pour faire le Bataillon , G, il faut mettre 512 Piquiers à 16 de hauteur & 32 de front, comme monftre la figure H ; couper 8 files à droiɛt
& 8 à gauche & les laiffer fur leur terrain ; couper les 16 files du milieu
à la demy-file, & en faire marcher une moitié en avant & l'autre en
arriere jufqu'à ce que la croix , I , foit formée ; de chacune branche de
laquelle il faut couper 4 files à droiɛt & 4 à gauche, les laiffer fur leur
terrain, & faire marcher les 8 files du milieu jufqu'à ce que le dernier
rang foit plus avancé d'un pas que le premier des files qui font demeurées fur le terrain, & les couper à la demy-file, pour de la moitié faire
deux angles de 16 Piquiers chacun, qu'il faudra faire marcher dans les
encoingneures, & le Bataillon fera formé. Il y faut auffi 704 Moufquetaires, à fçavoir 64 dans chacun des centres ; 64 qui feront partagez en quatre parts egales pour mettre dans les angles en dedans ; &
320 pour faire les deux files de la bordure.

H　　　　　　　　　　　　　　　I

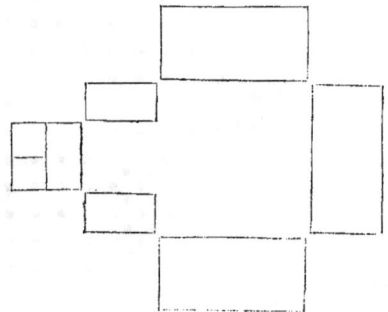

G

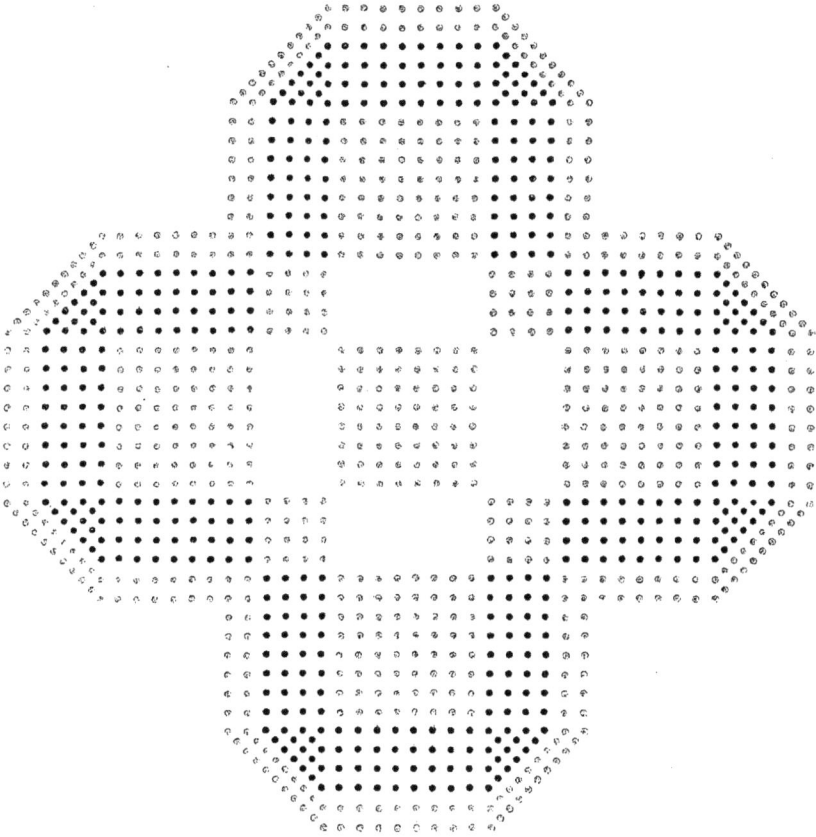

Si vous avez 800 Piquiers pour faire le Bataillon , K , faictes-en quatre Bataillons egaux, de 200 Piquiers châcun, à 10 de hauteur & 20 de
front, & les mettez en croix comme monftre la figure L; & apres leur
avoir fait tourner le front en dehors, prenez de châque branche 5 files
à droict & 5 à gauche & les laiffez fur leur terrain ; faictes marcher les
10 files du milieu jufqu'à ce que le dernier rang foit plus avancé d'un
pas que le premier des files qui font demeurées fur leur terrain; cou-
pez-les à la demy-file & de la moitié vous en ferez deux angles de 25
Piquiers châcun, comme monftre la figure M , & la Croix K , fera formée. Il y faut auffi 1016 Moufquetaires, qui font 256 pour chacune
branche, defquels vous en mettrez 100 dans chaque centre ; puis 100
que vous partagerez en quatre parts egales de 25 hommes chacune ,
pour faire les quatre angles en dedans; & 416 dont vous ferez les deux
files de la bordure.

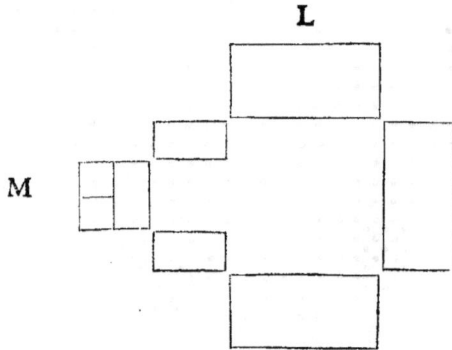

L

M

K

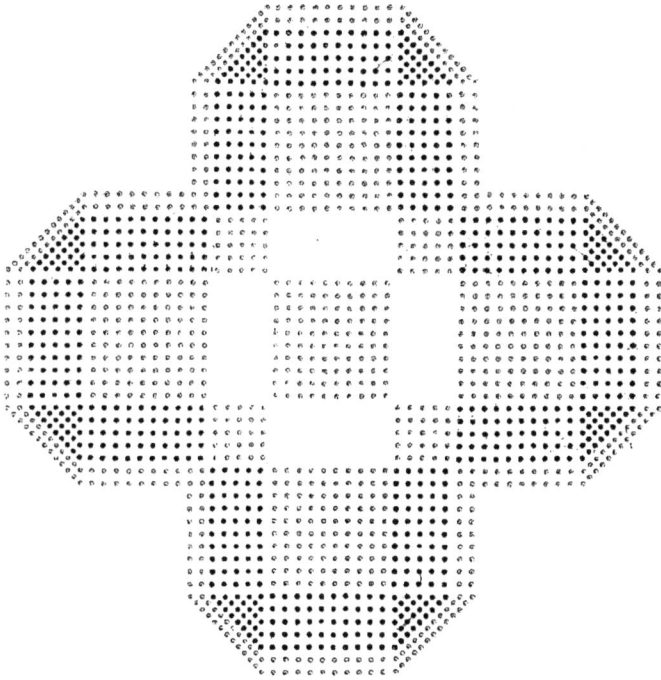

Ce Bataillon, N, eſt de 1152 Piquiers, deſquels faut faire quatre Bataillons egaux, de 288 Piquiers châcun, à 12 de hauteur & 24 de front,
les mettre en croix comme monſtre la figure O, & apres leur avoir fait
tourner le front en dehors, prendre de châque branche 6 files à droict
& 6 à gauche & les laiſſer ſur leur terrain; faire marcher les 12 files du
milieu juſqu'à ce que le dernier rang ſoit plus avancé d'un pas que le
premier des files qui ſont demeurées ſur leur terrain; les couper à la
demy-file & de la moitié en faire les deux angles de 36 Piquiers châcun, comme monſtre la figure P, qu'il faudra faire marcher dans les
encoingneures; obſerver la meſme choſe aux trois autres branches, &
le Bataillon ſera formé. Il y faut 1360 Mouſquetaires; à ſçavoir 144
dans le centre de chacune branche; puis 144 dans le centre de la croix
& 144 qui ſeront partagez en quatre parts egales de 36 hommes châcune, pour faire les quatre angles en dedans; & pour deux files tout
au-tour il en faut 496.

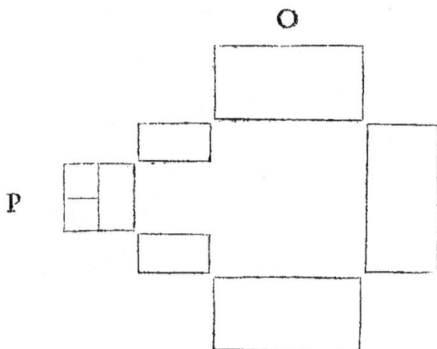

O

P

N

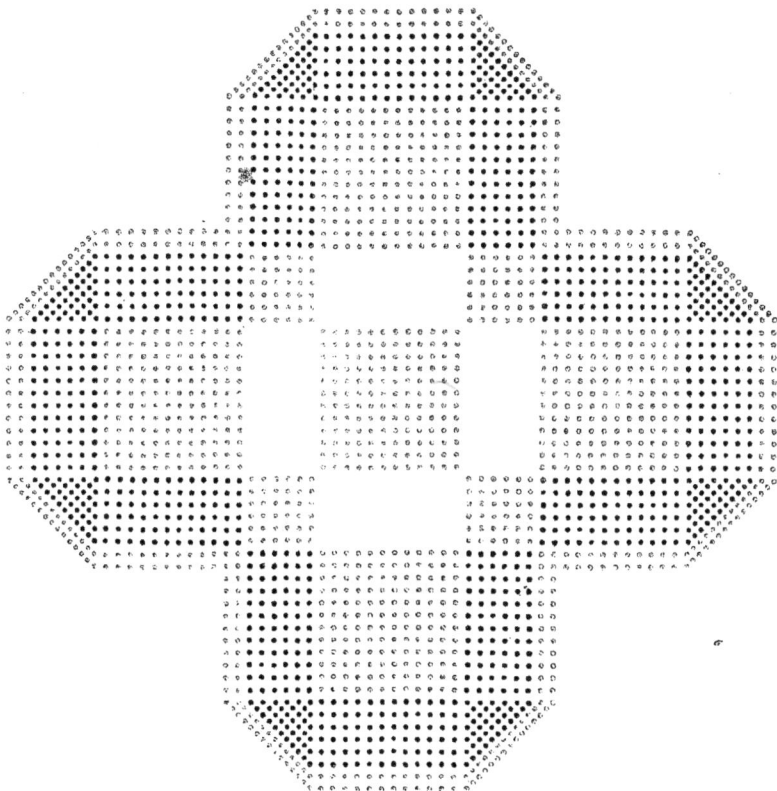

Si vous avez 2048 Piquiers pour faire cette grande Croix Q, faictes en quatre Bataillons egaux de 512 Piquiers chacun, à 16 de hauteur & 32 de front , & les mettez en croix comme monftre la figure R; Puis pour achever de former la Croix, il faut faire les commandemens qui fuiuent , & confiderer chaque branche d'icelle comme un Bataillon particulier, auquel vous les faictes. Prenez garde à vous tout le monde. Haut la pique. Les quarts de rangs des aifles ne bougent de leur terrain. Chefs de files des quarts de rangs du milieu, marchez jufqu'à ce que les Serre-files foient un pas plus avant que ceux qui n'ont bougé de fur leur terrain. Ceux qui ont marché prenez garde à vous. La demy-file de ceux qui ont marché ne bouge. Demy rang de main droicte de ceux qui ont marché, à droict. Demy rang de main gauche, à gauche. Ceux qui ont faict à droict & à gauche, marchez dans les angles qui font les plus proches de vous, où eftans ceux qui ont faict à droict feront à gauche, & ceux qui ont faict à gauche feront à droict , & la grande Croix fera formée , comme le tout eft reprefenté par la figure S.

Il y faut aufli 2191 Moufquetaires, qu'il faudra faire tenir à 25 ou 30 pas à la queuë defdits Bataillons, à la mefme hauteur des Piquiers; defquels vous prendrez 256 en 16 files & 16 rangs pour mettre dans le centre de chacune branche, qui font 1024 Moufquetaires pour les quatre; Plus 256 dans le centre de tout le Bataillon ; 256 que vous partagerez en quatre parts egales , de 64 chacune , que vous mettrez aux quatre angles en dedans; & 656 defquels vous ferez les deux files de la bordure; Puis vous ferez ferrer les rangs & les files à la diftance ordinaire qu'on obferve pour combattre contre la Cavalerie ; emouffer les angles, c'eft à dire les reduire en triangles ; faire apprefter les Moufquetaires, & prefenter les Armes par tout.

R   S

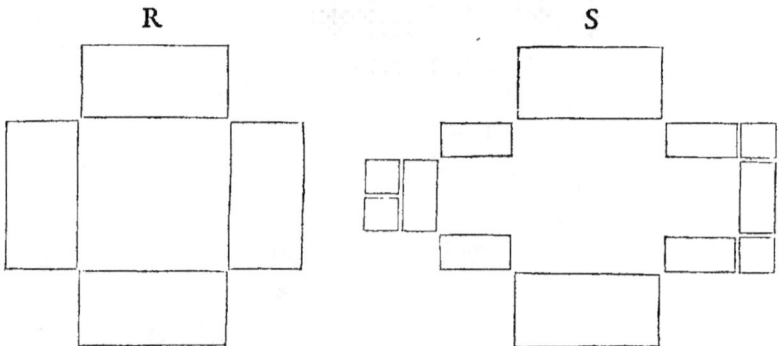

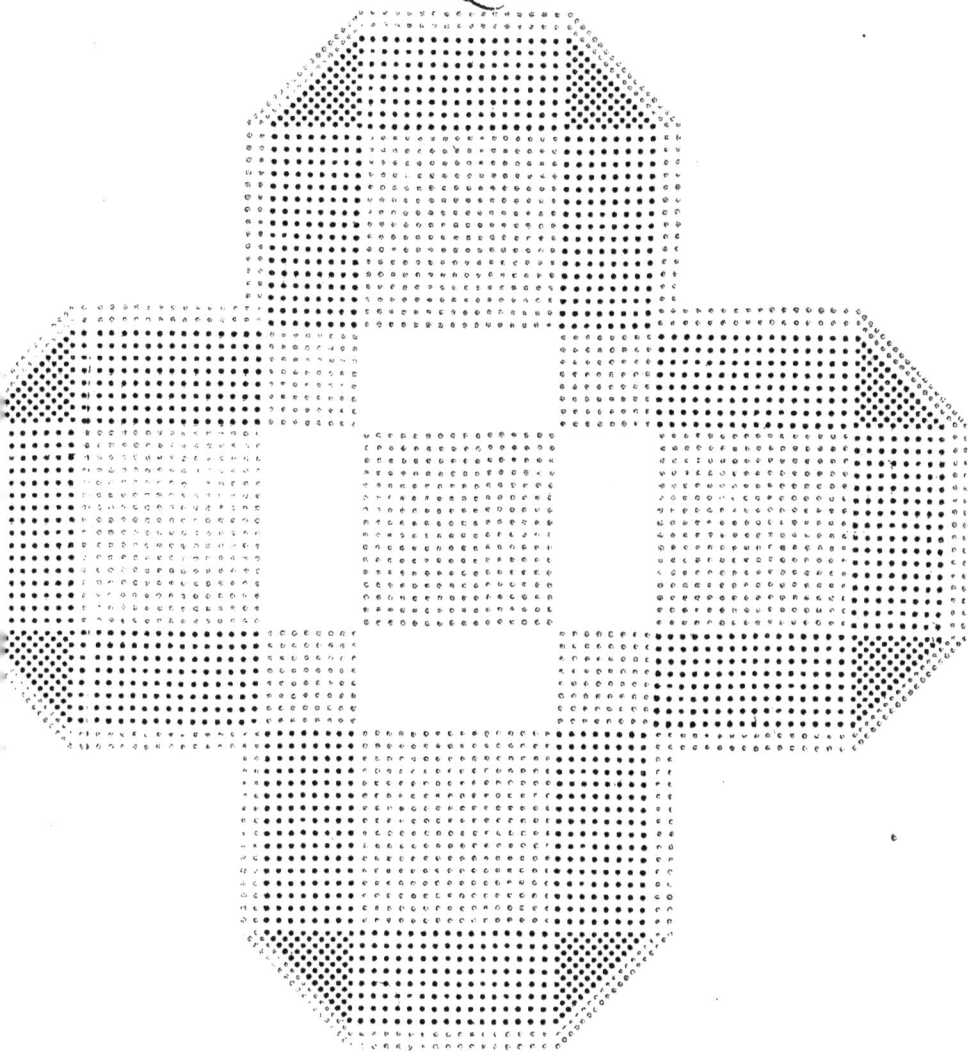

Q

Cette Croix T, eſt ſemblable à la precedente, ſe forme de la meſ
façon, & eſt de meſme nombre de Piquiers, & de Mouſquetaires,
cepté les quatre angles d'embas, repreſentez dans la figure V, par
quatre petits quarrez X; pour leſquels il faut encore 2ƒ Piquiers,
eſtant partagez en quatre parts egales, de 64 hommes chacune ſer
placez dans leſdits angles, comme on void audit Bataillon T; & c
de cette grande Croix que nous avons parlé dans le diſcours qui a p
cedé les Bataillons.

Il faut obſerver que les Capitaines, & Officiers, ſient diſtribu
aux faces, & aux angles des Bataillons, à fin de faire irer les Mo
quetaires de la bordure, & pour remedier au deſordre qui pourroit
river. Il faut qu'il y ait pareillement deux Officiers dais chaque ce
tre, pour faire tirer les Mouſquetaires qui y ſont ſelon es Charges
fauſſes charges qui ſeront faictes par la Cavalerie; & prendre bien ga
de avant que faire tirer les Mouſquetaires de dedans, que les Piquier
& les Mouſquetaires de la bordure qui ſeront devant eux, mettent
genoüil en terre, leſquels pourront recharger pendant que ceux de d
dans tireront. Tous les Commandemens doivent toûjurs eſtre fait
par un ſeul; tous les Tambours enſemble, aupres de lu, & le ſilen
obſervé. Cette inſtruction doit eſtre gardée en tous es Bataillon
Octogones, Croix, ou autres figures formées pour conbattre cont
la Cavalerie.

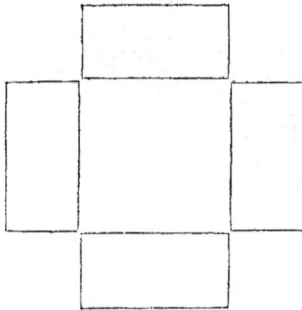

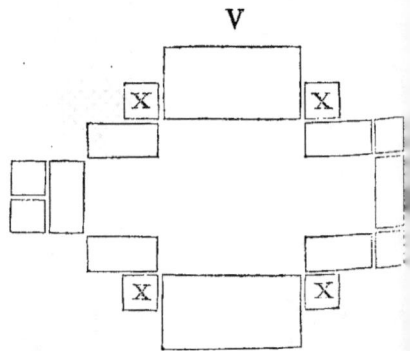

V

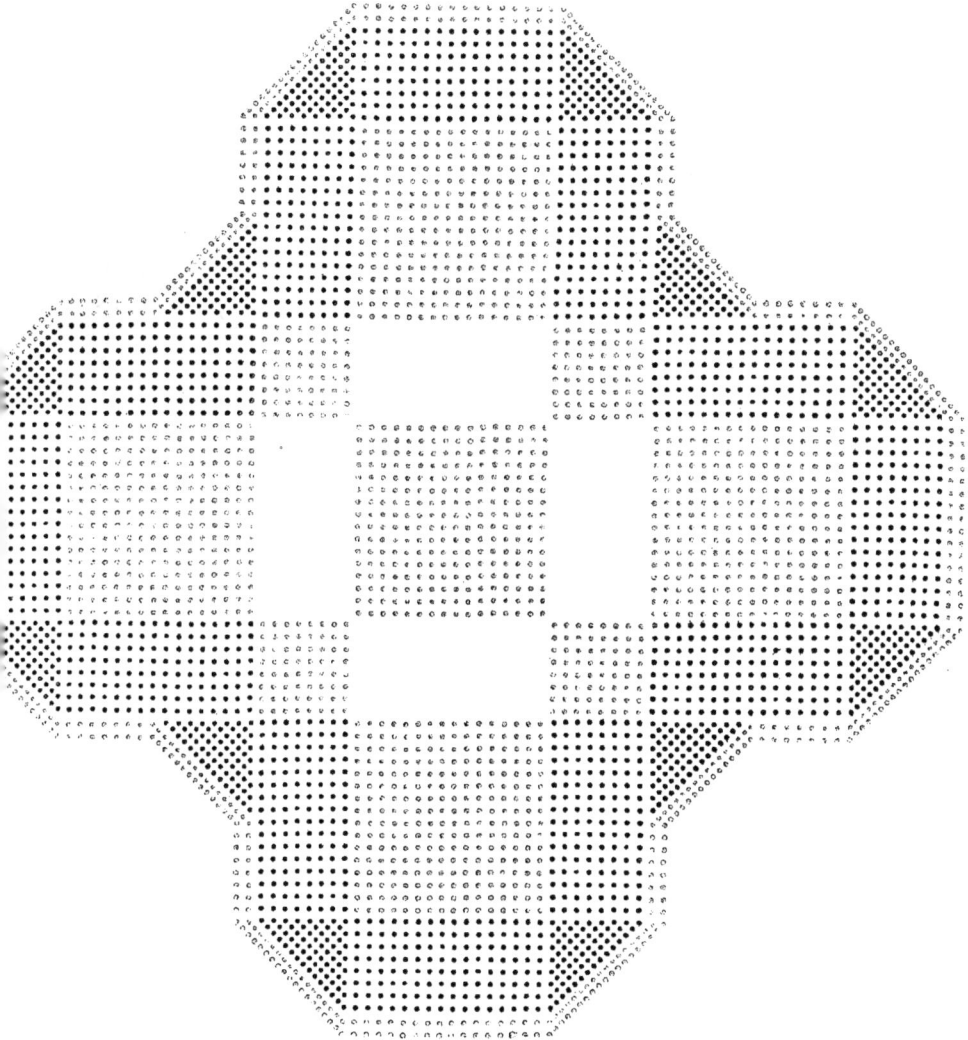

T

Cette Croix à trois branches , Y, est de 864 Piquiers, desquels faut
faire trois Bataillons egaux de 288 hommes chacun, à 12 de hauteur &
24 de front, & les mettre en Triangle comme on voit la figure Z ; puis
prendre de chacun Bataillon 6 files à droict & 6 à gauche & les laisser
sur leur terrain ; faire marcher les 12 files du milieu tant que le Serre-
file soit un pas plus avant que les Chefs de files qui sont demeurées sur
leur terrain ; couper les files qui ont marché à la demy-file ; partager
la moitié qui est en dehors en deux parts egales de 36 hommes chacune,
& les faire marcher dans les angles les plus proches d'eux , & la Croix
à trois branches sera formée. Il y a aussi 936 Mousquetaires qui doivent
estre aux flancs du premier ordre des Piquiers, & à la mesme hauteur,
desquels vous mettrez 144 dans le centre de chacune branche ; puis 120
qu'il faudra former en Triangle dans le centre de tout le Bataillon ; &
384 desquels vous ferez les deux files de la bordure.

Z

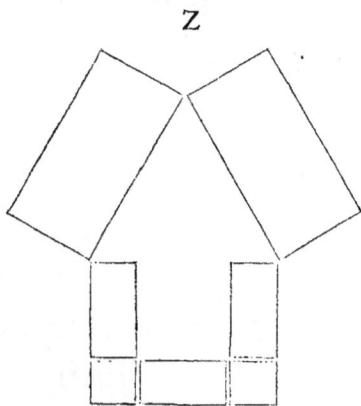

Y

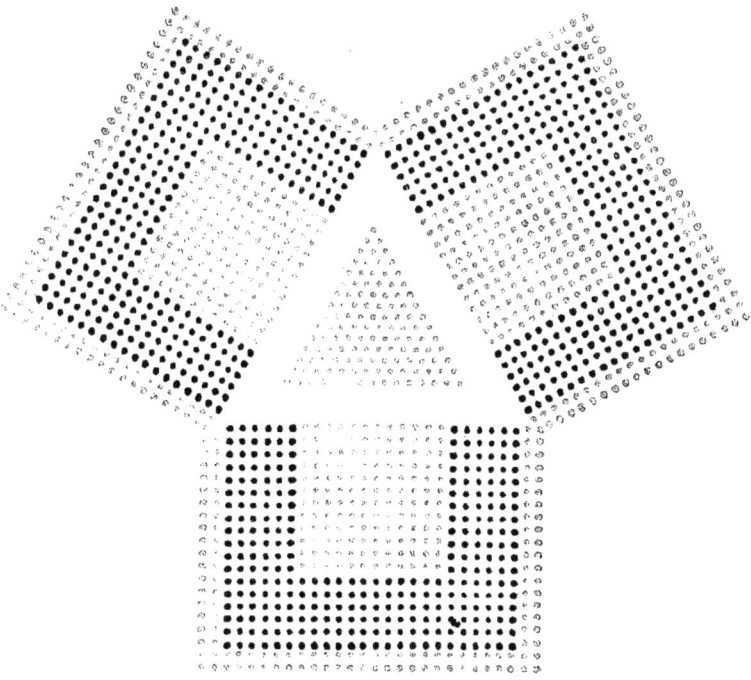

Ce Bataillon, A, eſt de 1300 Piquiers; pour le former il faut prendre 800 Piquiers, en faire quatre Bataillons egaux de 200 Piquiers chacun, à 10 de hauteur & 20 de front, & les mettre en croix comme monſtre la figure B; puis prendre de chacun 5 files à droiƈt & 5 à gauche & les laiſſer ſur leur terrain; faire marcher les 10 files du milieu juſqu'à ce que le dernier rang ſoit un pas plus avant que le premier des files qui ſont demeurées ſur leur terrain; couper les files qui ont marché à la demy-file, pour de la moitié faire deux angles de 25 Piquiers chacun, & les amener dans les encoingneures comme monſtre la figure C. Il y faut auſſi 1360 Mouſquetaires, deſquels en faut mettre 100 dans le centre de chacun Bataillon, qui ſont 400 pour les quatre; plus 100 dans chaque encoingneure de ladite croix C, qui ſont encore 400; plus cent dans le centre de tous les Bataillons, qui ſont en tout neuf cens. Puis des cinq cens Piquiers qu'il y a de reſte & qui doivent eſtre à 10 de hauteur & 50 de front comme on void la figure D, il en faut prendre 125 pour chaque encoingneure, & les mener de 5 en 5 files à l'entour des Mouſ-quetaires; puis des 416 Mouſquetaires qui reſtent on fera les deux files de la bordure. Ce Bataillon eſt tres-bon, & paraiſt beaucoup.

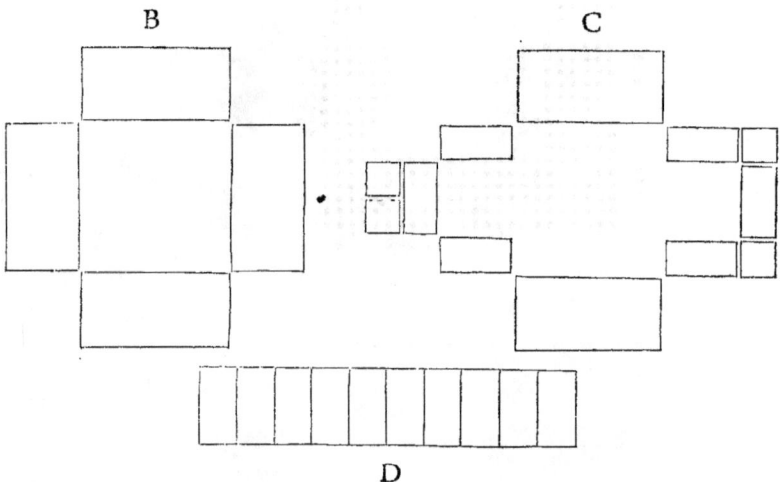

B   C

D

A

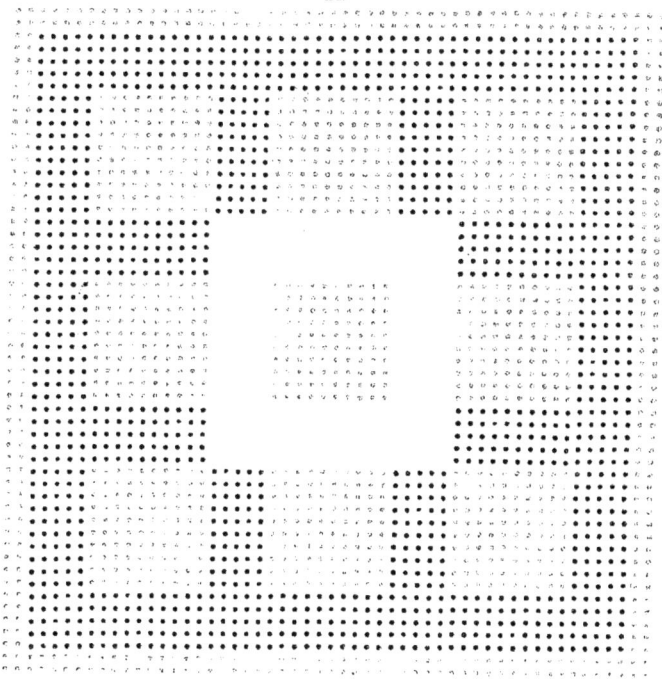

Si vous avez 108 Piquiers pour faire le Bataillon A, par cette feconde Regle, qui a le front triple de la hauteur, mettez les à 6 de hauteur
& 18 de front, comme monftre la figure B ; puis prenez 3 files à droiƈt
& 3 à gauche, & les coupez à la demy-file pour faire les angles ; prenez encore 3 files à droiƈt & 3 à gauche & les laiffez fur leur terrain ;
coupez les 6 files du milieu à la demy-file, & en faiƈtes marcher la
moitié en avant & l'autre en arriere, jufqu'à ce que la croix, C, foit
formée ; à lors amenez les angles en leur place, & le Bataillon fera formé. Il y faut auffi 148 Moufquetaires, à fçavoir 36 dans le centre, &
112 pour les deux files de la bordure.

B   C

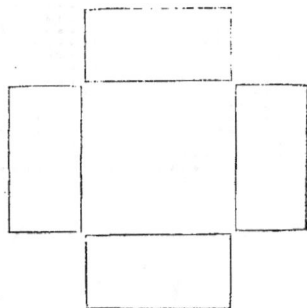

A

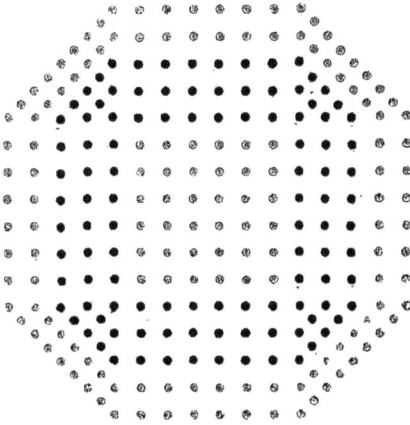

Ce Bataillon, D, eſt de 192 Piquiers ; pour le former il les faut mettre à 8 de hauteur & 24 de front, comme le monſtre la figure E ; puis
prendre 4 files à droiƈt & 4 à gauche & les couper à la demy-file pour
en faire les angles ; prendre encore 4 files à droiƈt & 4 à gauche & les
laiſſer ſur leur terrain ; couper les 8 files du milieu à la demy-file & en
faire marcher la moitié en avant & l'autre en arriere, juſqu'à ce que la
croix, F, ſoit formée ; amener les angles dans les encoingneures, & le
Bataillon ſera formé. Il y a auſſi 208 Mouſquetaires, qui doivent eſtre
à 8 de hauteur & 26 de front; deſquels vous mettrez 64 dans le centre,
& pour les deux files d'al'entour 144.

E

F

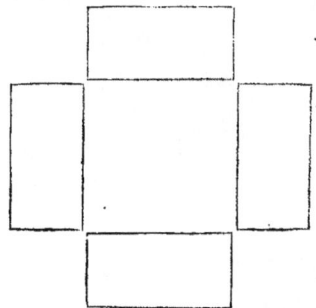

D

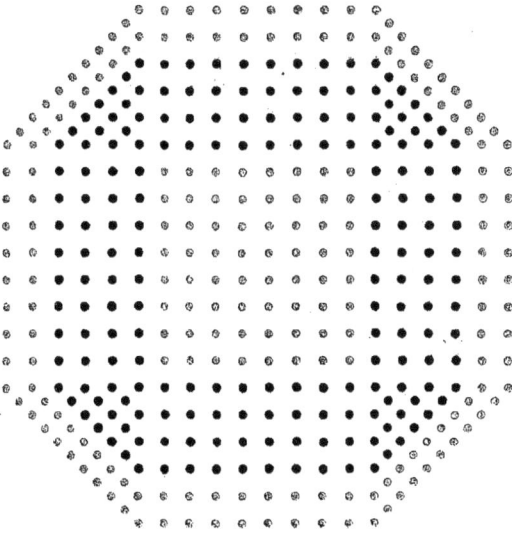

Si vous avez 300 Piquiers pour faire le Bataillon G, par cette feconde Regle, qui a le front triple de la hauteur, mettez les à 10 de hauteur & 30 de front, comme monftre la figure B; puis prenez 5 files à droiᶜᵗ, & 5 à gauche, & les coupez à la demy-file pour faire les angles; prenez encore 5 files à droiᶜᵗ & 5 à gauche & les laiffez fur leur terrain; coupez les 10 files du milieu à la demy-file, & en faiᶜtes marcher la moitié en avant & l'autre en arriere, jufqu'à ce que la Croix, C, foit formée; à lors amenez les angles en leur lieu, & le Bataillon fera formé. Il y faut auffi 276 Moufquetaires, à fçavoir 100 dans le centre, & 176 pour les deux files de la bordure.

B   C

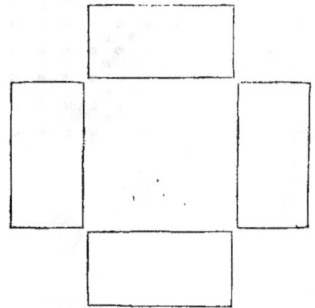

G

Ce Bataillon L , eſt de 432 Piquiers , deſquels faut faire un Bataillon à 12 de hauteur & 36 de front comme monſtre la figure M ; puis
pour en former un Octogone , par cette Regle , il faut faire les commandemens qui ſuivent.

Prenez garde à vous, Sergens. Avertiſſez la troiſieſme partie des files qui eſt dans le milieu. Ceux qui ont eſté avertis , Haut la pique.
La demy-file de ceux qui ont eſté avertis , demy tour à droict. Marchent tous ceux qui ont fait haut la pique juſqu'à ce que les derniers
rangs ſoient un pas plus avant que les Chefs de files & les Serre-files.
Avertiſſez la moitié des files qui ont demeuré ſur leur terrain , tant à
main droicte qu'à main gauche ſur les aiſles. Haut la pique ceux qui
viennent d'eſtre avertis. Demy-file de ceux qui viennent de faire haut
la pique, demy tour à droict. Marchez en avant & en arriere, & vous
placez dans les angles de la Croix.

Il faut 144 Mouſquetaires dans le centre, & 208 pour faire les deux
files de la bordure.

Le Bataillon eſtant formé, les Capitaines & Officiers voyant approcher les ennemis feront emouſſer les angles & preſenter les Armes par
tout.

Pour remettre les Piquiers en leur premiere forme, il faut, apres
avoir fait ſortir les Mouſquetaires du centre & ceux de la bordure, leur
faire ces commandemens. Haut la pique tout le monde. Les demy-
files de la troiſieſme partie du Bataillon qui eſt au milieu, & qui ont
faict les premieres demy tour à droict, demy tour à droict. Reprenez
vos rangs & vos files, tout le monde, & le Bataillon ſera remis ſelon
la figure M.

M

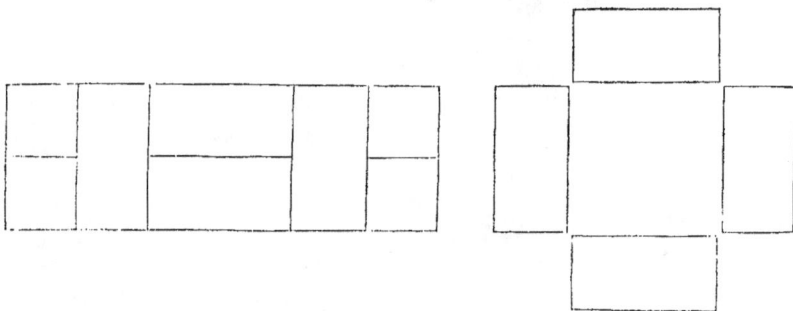

L

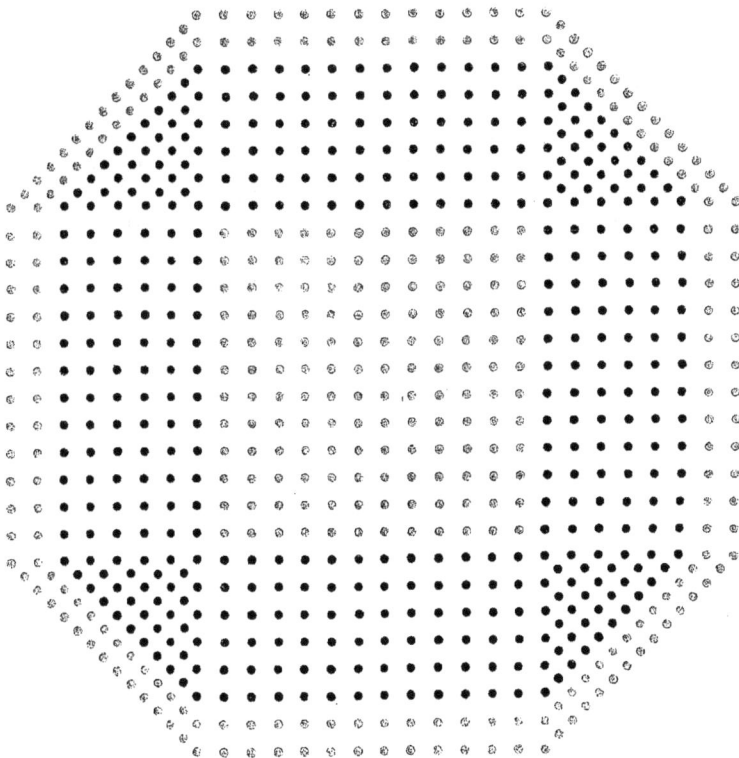

Cet Octogone, N, eſt de 768 Piquiers; pour le former ſuivant cette Regle il les faut mettre à 16 de hauteur & 48 de front comme monſtre la figure O; en prendre 8 files à droict & 8 à gauche & les couper à la demy-file pour faire les angles; en prendre encore 8 files à droict & 8 à gauche & les laiſſer ſur leur terrain ; couper les 16 files du milieu à la demy-file, & en faire marcher la moitié en avant & l'autre en arriere pour faire la croix P; puis faire marcher les angles en leur place & le Bataillon ſera formé. Il y faut auſſi 528 Mouſquetaires, à 16 de hauteur & 33 de front ; deſquels en faut faire entrer 256 dans le centre des Piquiers, & 262 pour faire les deux files de la bordure. Il y aura encore 10 Mouſquetaires de reſte, dont on ſe pourra ſervir à ce qu'on treuvera à propos.

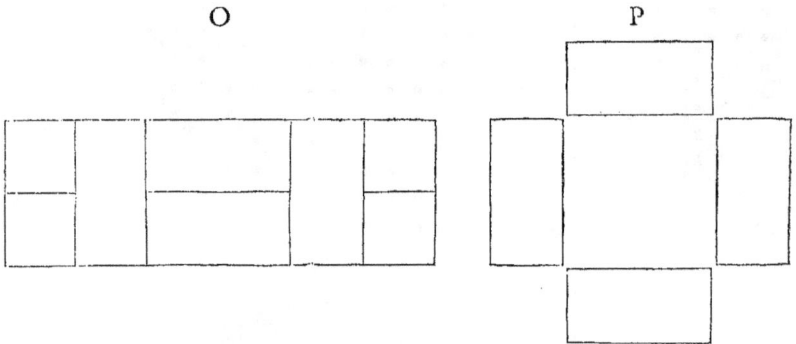

O   P

N

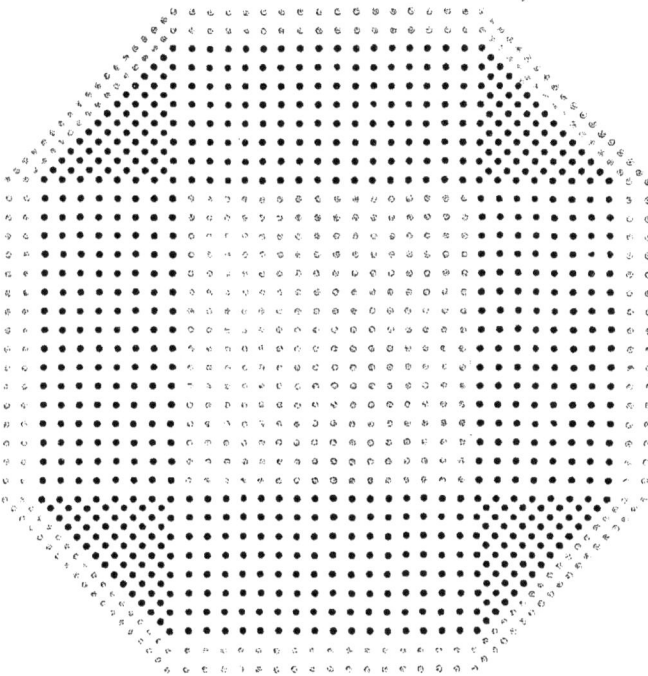

Si vous avez 1200 Piquiers pour faire le grand Octogone Q , il faut les mettre à 20 de hauteur & 60 de front comme monſtre la figure R ; en prendre 10 files à droict & 10 à gauche , qui eſtant coupées aux de-my - files feront pour faire les quatre angles ; prendre encore 10 files à droict & 10 à gauche & les laiſſer ſur leur terrain ; & apres avoir coupé les 20 files du milieu à la demy - file , en faire marcher une moitié en avant & l'autre en arriere juſqu'à ce que la croix S ſoit formée ; puis amener les angles dans les encoigneures , & le Bataillon ſera formé.

Il faut 800 Mouſquetaires, à 20 de hauteur & 40 de front ; deſquels faut prendre 10 files à chaque flanc , qui font 400 , & les faire paſſer dans le centre, par les intervales des Piquiers ; & 336 pour faire les deux files de la bordure ; faire emouſſer les angles , appreſter les Mouſque-taires, & preſenter les Armes par tout ; Mais s'il faut marcher en pre-ſence des Ennemis , il faudra que le Bataillon reprenne ſa forme quar-rée, les Mouſquetaires appreſtez , & les rangs ſerrez juſqu'à la poincte de l'eſpée.

Les Capitaines & Officiers ſeront diſtribuez à toutes les faces du Bataillon ; & celuy qui commande aura tous les Tambours aupres de luy en l'une des faces , à fin de faire battre l'allarme quand il faudra preſenter les Armes ; à quoy on doit ſoigneuſement uſiter les Soldats ; & meſmes leur faire entendre que lors qu'il ſera beſoin de marcher, c'eſt à dire quand on battra aux champs , ils tournent tous le viſage du coſté qu'on battra la marche.

Si on a le temps & que le pays le permette, on pourra defiler le Ba-taillon à tel nombre de files qu'on jugera à propos.

Cette façon de marcher & de combattre ſe doit obſerver en tous les Bataillons qui ſont formez pour ſe defendre contre la Cavalerie.

R   S

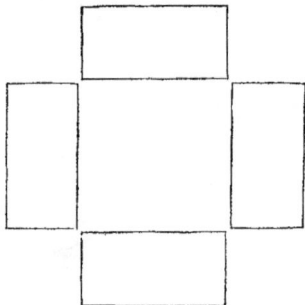

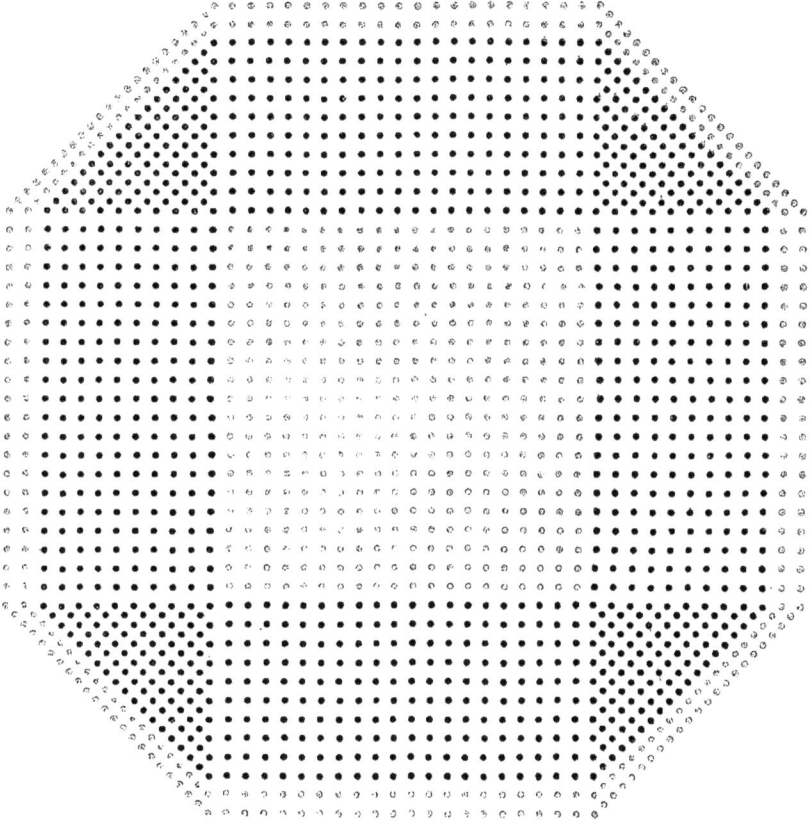

Q

Pour faire la grande croix citadelle , T, il faut 1200 Piquiers ; faire quatre Bataillons egaux de 300 Piquiers chacun, à 10 de hauteur & 30 de front, & les mettre en croix comme monftre la figure V ; puis prendre de chacun 10 files à droiĉt & 10 à gauche & les laiffer fur leur terrain ; faire marcher les 10 files du milieu tant que le dernier rang foit plus avancé d'un pas que le premier des files qui font demeurées fur le terrain, & les couper à la demy-file pour en faire deux parts egales de 25 hommes chacune, qu'il faudra faire marcher l'une à droiĉt & l'autre à gauche jufqu'aux angles des 10 files du milieu ; maintenant des 10 files qui font demeurées à droiĉt & autant à gauche fur le terrain il en faut prendre 5 files de chaque cofté & les faire marcher jufqu'à ce que le premier rang foit autant avancé qu'eft le premier des 25 hommes qui font en quarré aux angles ; puis faire r'approcher les quatre branches de la croix & le Bataillon fera formé. Il faut 25 Moufquetaires dans chacune des encoingneures ; 100 dans le centre de chacune branche ; 25 dans chacune des encoingneures en dedans ; 100 dans le centre de la croix ; & 760 pour les deux files de la bordure ; faire emouffer les angles & prefenter les Armes par tout. Ce Bataillon eft un des plus forts qui fe faffent contre la Cavalerie.

V

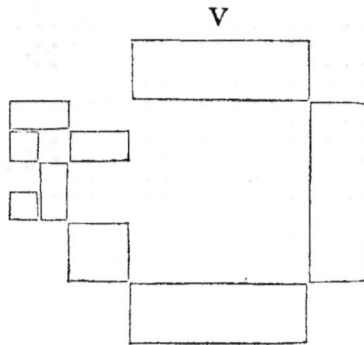

T

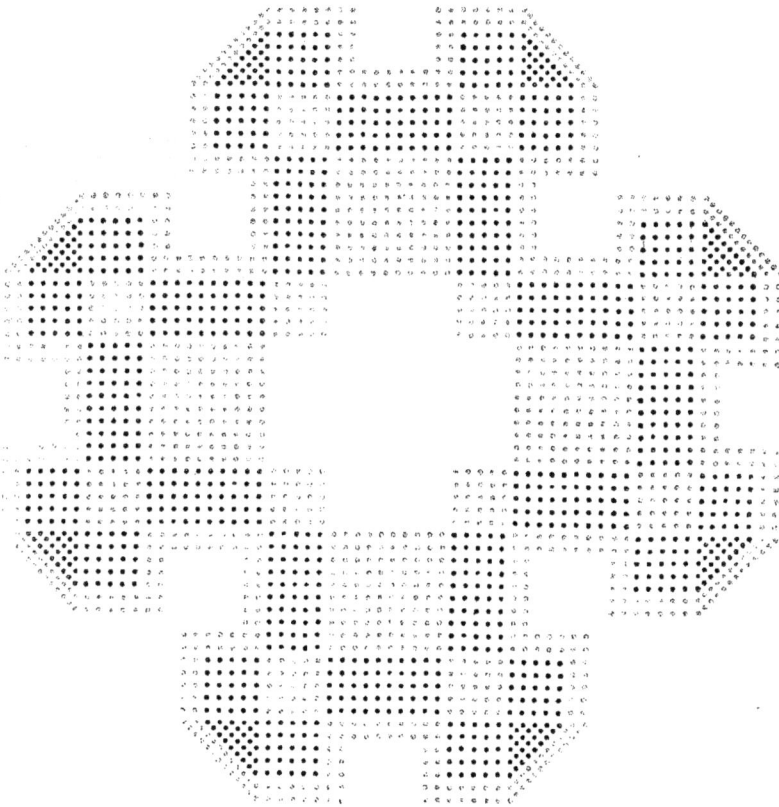

Encore que nous ayons laiſſé le centre de ce Bataillon vuide, s'il ſe trouvoit qu'il y euſt des Mouſquetaires de reſte on y en pourroit faire entrer 100, comme nous avons dit en l'expliquation d'iceluy.

Ce Bataillon, Y, eſt de 1200 Piquiers; pour le former il en faut faire quatre Bataillons egaux, de 300 Piquiers chacun, à 10 de hauteur & 30 de front, & les mettre en croix comme monſtre la figure Z ; & parce que les angles ſont vuides on peut mettre une ou deux petites pieces de campagne dans chacun , comme on void audiĉt Bataillon . Il faut neuf cens Mouſquetaires dans le centre du Bataillon, & 432 pour faire les deux fiies de la bordure . On pourra facilement marcher en cet ordre & ſe retirer de devant la Cavalerie en cas qu'on en ſoit pourſuivy .

Z

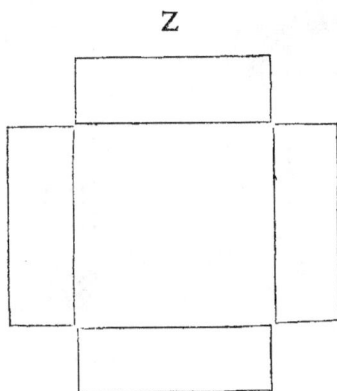

Y

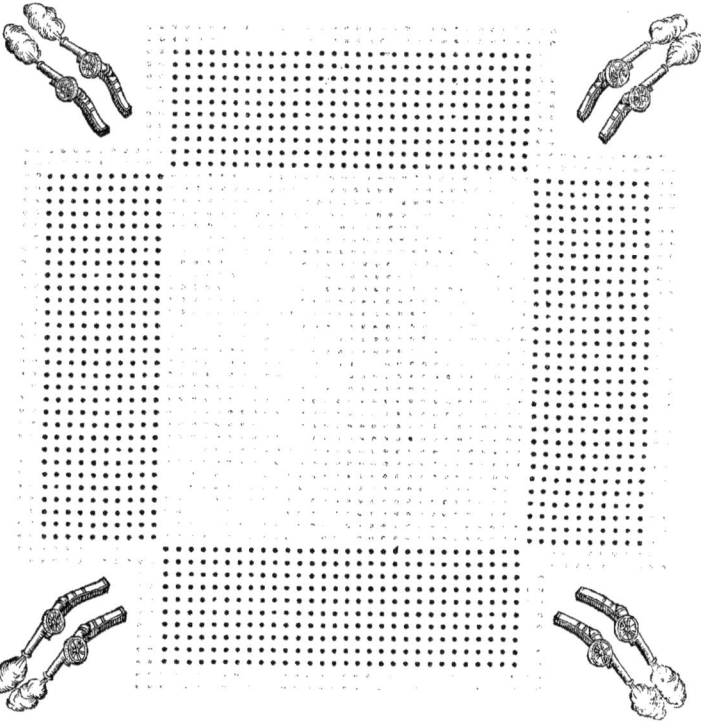

Ce Bataillon, **Z**, eſt de meſme nombre que le precedent, & ſe forme de la meſme façon ; & parce que les angles ſont vuides on pourra
mettre dans châcun un chariot, ou deux, au lieu qu'en l'autre nous
avons mis des canons.

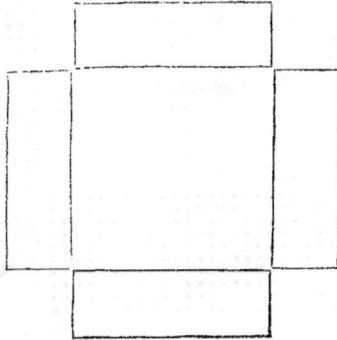

Z

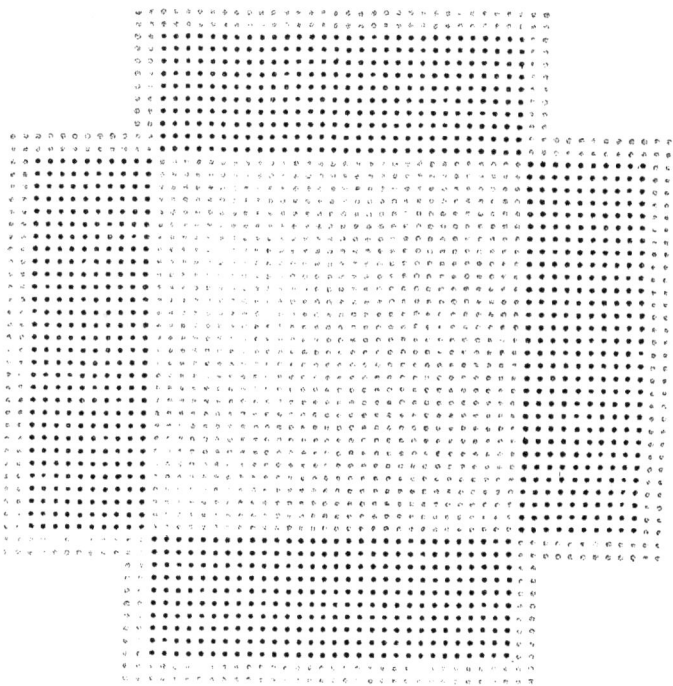

Si vous voulez former l'Octogone, A, par cette trois-iefme Regle, de laquelle le front a quatre fois la hauteur, il faut avoir 256 Piquiers, les mettre à 8 de hauteur & 32 de front, comme monftre la figure B; puis faire les commandemens qui fuivent. Haut la pique demy-rang de main gauche. A droict par demy-rang doublez vos files. Haut la pique tout le monde. Demy-file demy tour à droict. Marchez tout le monde. Ceux qui eftoient quarts de rangs avant que marcher font à prefent demy-rangs. Demy-rang de main droicte, à droict. Demy-rang de main gauche, à gauche. Marchez tout le monde. Il faut prendre garde que les demy-rangs & les demy-files foient ouverts en egale diftance, & qu'il n'y ait d'ouverture que ce qu'il en faut pour placer la quatriefme partie de châcun des quarrez qui viennent d'eftre faicts. Mettez la pique en terre. Avertiffez le demy-rang & la demy-file de chaque quarré en dedans, pour marcher dans les diftances qui ont efté laiffées entre les demy-files, & les demy-rangs, & monftrez à chaque quarré la diftance qu'il doit occuper. Ceux qui ont efté avertis, haut la pique. Marche chaque petit quarré à la place qui luy a efté marquée. Le tout fe void par la figure C. Ce qu'eftant faict, il ne faudra qu'efmouffer les angles & le Bataillon fera formé. On voit affez la quantité des Moufquetaires qu'il y a tant dans le centre qu'à la bordure.

Pour remettre le Bataillon à fon premier Ordre, voicy les commandemens qu'il faut faire. Haut la pique. Les quatre petits quarrez qui ont marché les derniers, remettez vous à vos places. Demy-files, demy tour à droict. Marchez Demy-files jufqu'à un pas pres des Serre-demy-files. Demy-rang qui avez doublé à droict, prenez garde à vous. Demy-rang, à gauche, remettez vos files, & le Bataillon fera remis.

B   C

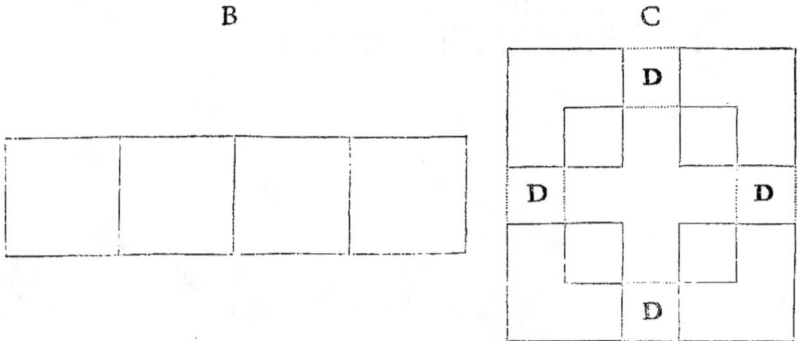

A

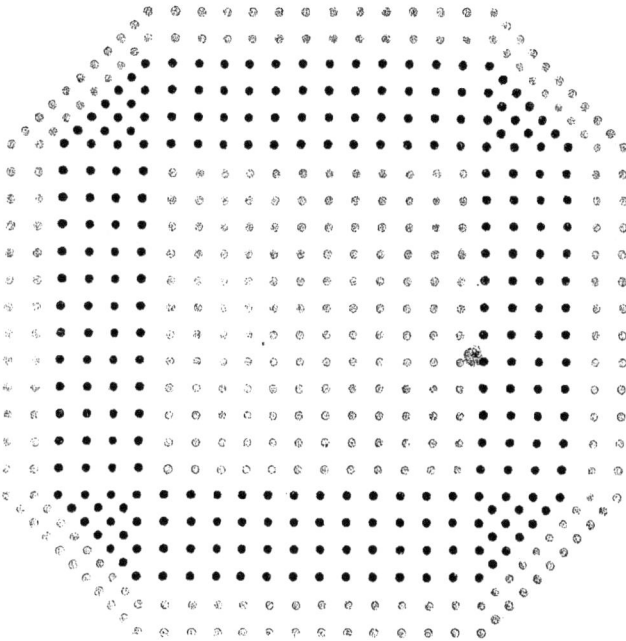

Ce Bataillon, E, eſt de 576 Piquiers ; pour le former il les faut mettre à 12 de hauteur & 48 de front, comme monſtre la figure F, laquelle eſtant coupée aux quarts de rangs on en fera quatre Bataillons, qu'il
faudra feparer l'un de l'autre de ſix pas de diſtance, comme on void
qu'ils font en la figure G ; puis prendre de châque Bataillon 36 hommes
en dedans, qui feront en 6 files & 6 rangs, & les faire marcher dans
châcune des diſtances qui ont eſté laiſſées entre leſdits quatre Bataillons, comme monſtre D, & le Bataillon ſera formé. Il faut auſſi 580
Mouſquetaires aux flancs des Piquiers, au premier ordre, & à la meſme
hauteur ; deſquels en faut mettre 324 dans le centre ; & 256 pour faire
les deux files de la bordure ; faire emouſſer les angles, & preſenter les
Armes par tout.

F

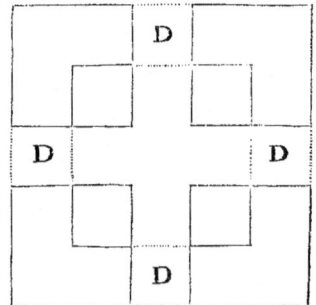

G

E

Ce Bataillon H, est de 2000 Piquiers ; pour le former il en faut faire quatre Bataillons egaux de 400 Piquiers châcun, à 10 de hauteur & 40 de front, & les mettre en croix, comme monstre la figure I ; puis des 400 Piquiers qui sont restez en faire un Bataillon à 20 de hauteur & 20 de front comme monstre la figure L, lequel estant coupé en quatre parts egales sera pour faire les angles, qu'il faudra faire marcher à leur place & le Bataillon sera formé. Il faut 1600 Mousquetaires dans le centre, & 496 pour faire les deux files de la bordure.

I   L

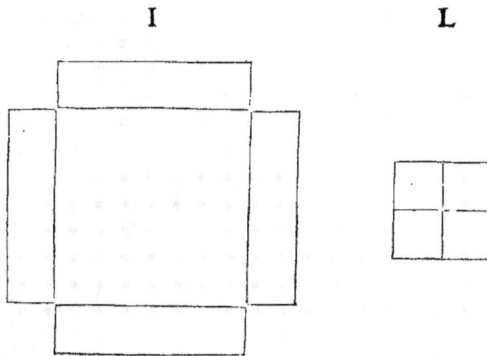

I

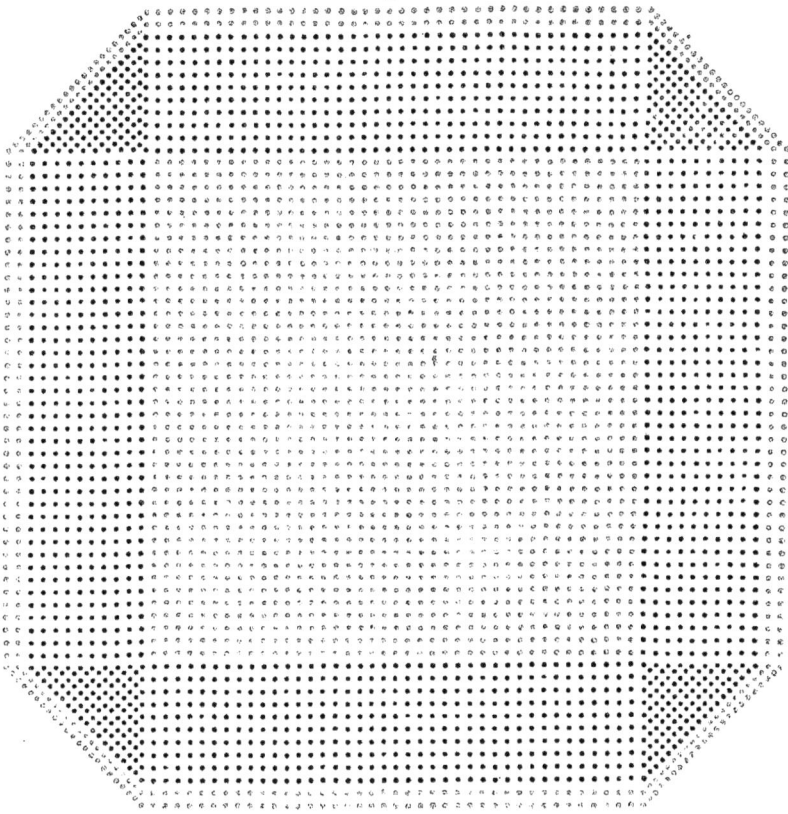

Vu

Si vous avez 144 Piquiers pour faire le Bataillon Radieux, N, mettez les à 6 de hauteur & 24 de front, comme monſtre la figure O,
prenez en 3 files à droiȼt & 3 files à gauche pour couvrir deux encoingneures, prenez encore 3 files à droiȼt & 3 files à gauche pour couvrir
les deux autres encoingneures : puis prenez 3 files à droiȼt & 3 à gauche qui demeureront ſur leur terrain ; coupez les 6 files du milieu à la
demy file, & en faiȼtes marcher une moitié en avant & l'autre en arriere pour former la croix P ; couvrez les encoingneures comme monſtre la figure N, & le Bataillon ſera formé. Il faut mettre 9 Mouſquetaires dans chacun des angles ; 36 dans le centre du Bataillon ; & 136
pour en faire la bordure, qui font en tout 208 Mouſquetaires.

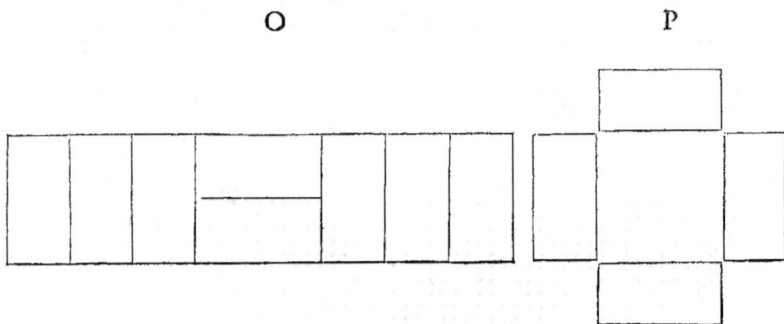

O   P

N

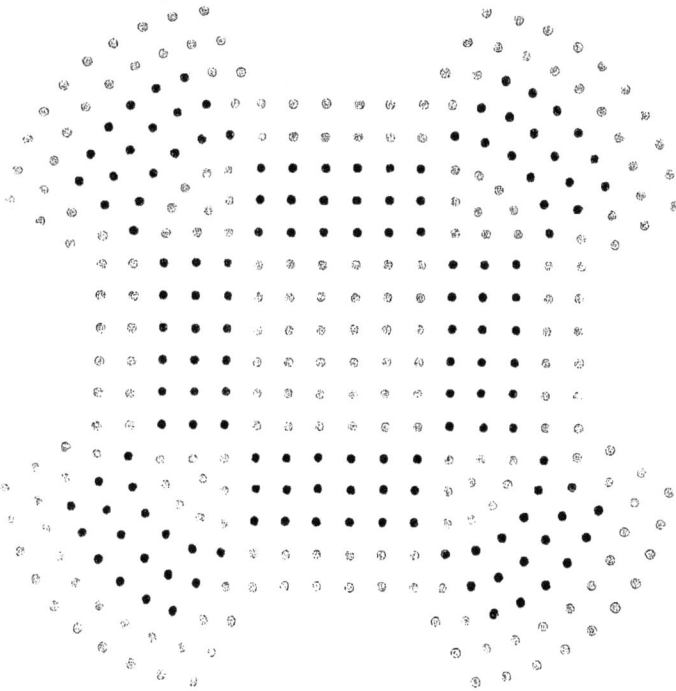

Ce Bataillon Q, eft de 572 Piquiers ; pour le former il les faut mettre à 12 de hauteur & 48 de front, comme monftre la figure R ; en
prendre 6 files à droict & 6 à gauche pour couvrir deux angles ; prendre encore 6 files à droict & 6 à gauche pour couvrir les deux autres
angles ; puis prendre encore 6 files à droict & 6 à gauche & les laiffer
fur leur terrain ; couper les 12 files du milieu à la demy-file, & en faire
marcher une moitié en avant & l'autre en arriere à fin d'en former la
croix S ; ce qu'ayant faict il ne faudra plus que couvrir les angles du
Bataillon, & il fera formé. Il y a 36 Moufquetaires dans châcun des
angles ; 144 dans le centre du Bataillon ; & 296 pour faire les deux files
de la bordure ; qui font en tout 584 Moufquetaires.

R   S

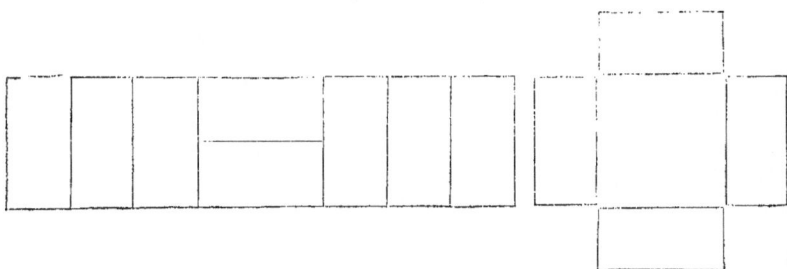

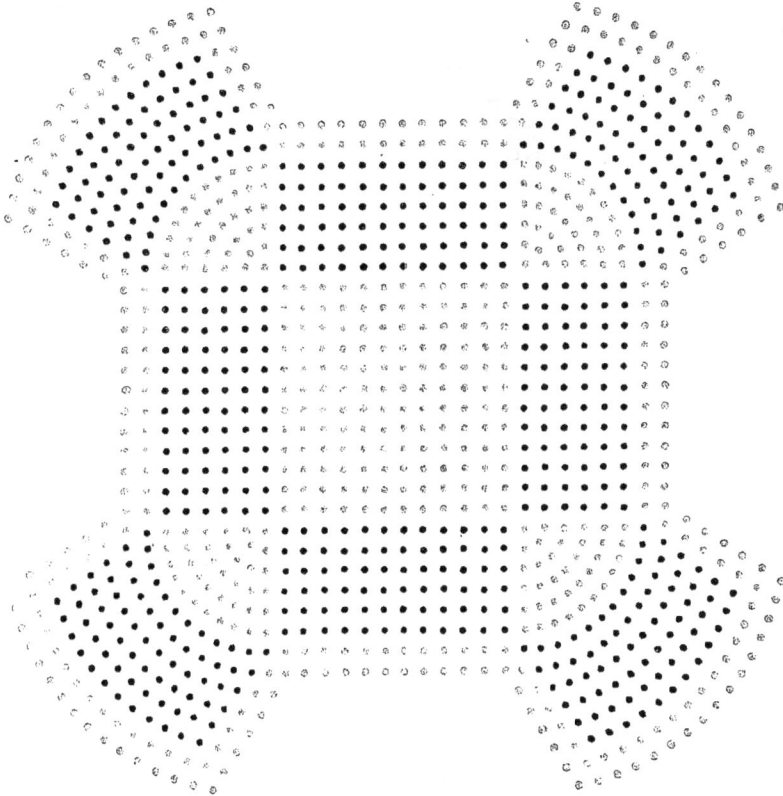

Si vous avez 576 Piquiers pour faire la Croix du Sainct Efprit, A, mettez les à 12 de hauteur & 48 de front, comme monftre la figure B, faictes-en quatre Bataillons egaux de 144 Piquiers chacun & en formez la croix C; ce qu'ayant faict prenez de chaque Bataillon 4 files à droit & 4 à gauche & les laiffez fur leur terrain; & apres avoir coupè les 4 files du milieu en trois parts egales de 16 Piquiers chacune, vous ferez marcher vers le centre la partie la plus proche d'iceluy, comme monf-tre la lettre D; puis vous ferez marcher les deux autres parties vers le front, jufqu'à ce que la derniere foit à la place de la premiere, où elle doit demeurer, & menerez la premiere à un des angles d'enbas, comme monftre la lettre E, & la Croix du Sainct Efprit fera formée. Il faut auffi 504 Moufquetaires aux flancs des Piquiers à la mefme hauteur & 42 de front, defquels vous mettrez 32 en 4 files & 8 rangs dans le cen-tre de chaque branche; 64 que vous partagerez en quatre parts egales de 16 chacune, pour mettre dans les quatre angles au-tour du centre; & 304 pour faire les deux files de la bordure. Ce Bataillon eft eftimé des plus forts & des meilleurs.

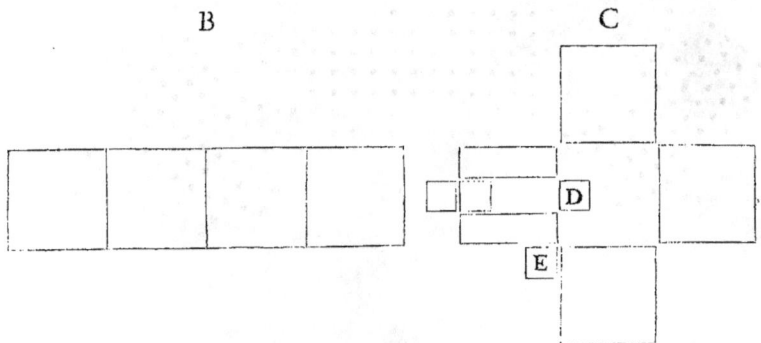

B   C

D

E

A

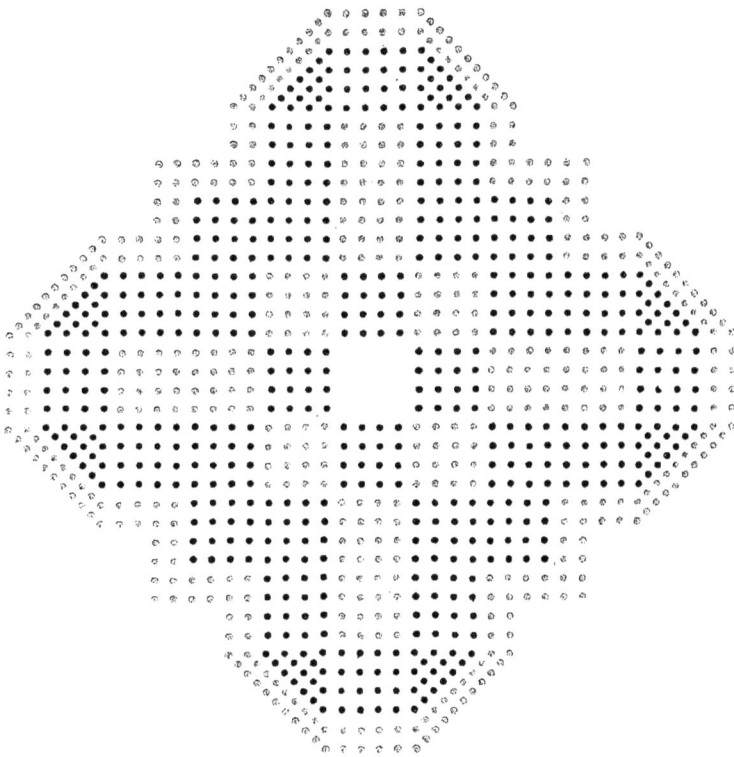

Ce Bataillon, E, eſt de 576 Piquiers ; pour le former il les faut mettre à 12 de hauteur & 48 de front, comme monſtre la figure F, laquelle eſtant coupée en quatre parts egales on en fera quatre Bataillons
egaux de 144 Piquiers chacun, qu'il faudra mettre en croix comme
monſtre la figure G; puis de 12 files qu'il y a en chaque Bataillon il en
faut prendre 4 à droiĉt & 4 à gauche, deſquelles il faut couper 4 rangs
à la teſte, qui ſerviront à couvrir une des encoingneures, laiſſant les
8 autres rangs ſur leur terrain ; puis faire marcher les 4 files du milieu
tant que le dernier rang ſoit plus avancé d'un pas que le premier des
8 rangs qui ſont demeurez ſur leur terrain, comme monſtre la lettre
H ; ce qu'eſtant faiĉt il ne faudra plus que couper les 8 premiers rangs
des files qui ont marché pour en couvrir une autre encoingneure, &
le Bataillon ſera formé. Il faut auſſi 752 Mouſquetaires à 12 de hauteur
& 63 de front, deſquels en faut mettre 32 en 4 files & 8 rangs, dans le
centre de chacune branche; plus 80 qu'il faut partager en 5 parts egales de 16 chacune pour mettre dans le centre du Bataillon; plus 16 dans
chacun des 8 angles en dehors ; & 416 pour faire les deux files de la
bordure ; faire appreſter les Mouſquetaires, & preſenter les Armes
par tout.

F

G

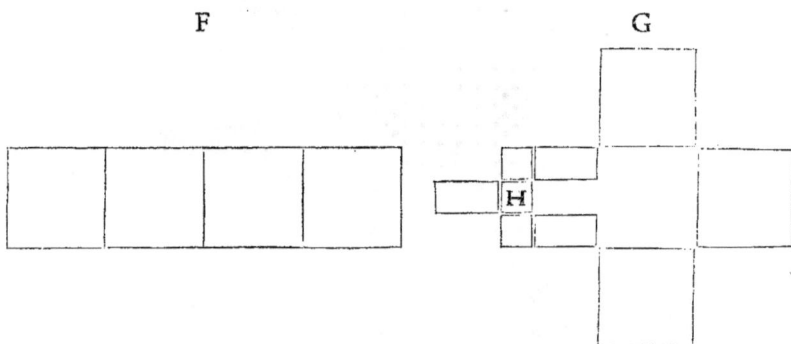

E

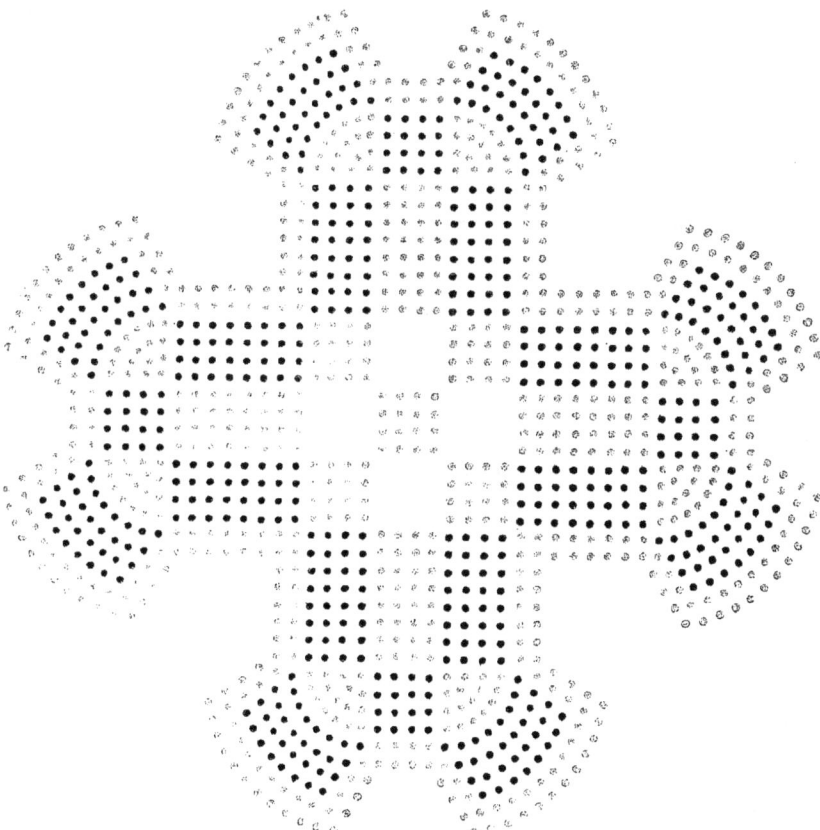

Si vous avez 180 Piquiers pour faire le Bataillon **A** , par cette quatriefme Regle qui a le front quintuple de la hauteur, mettez les à 6 de
hauteur & 30 de front, comme monftre la figure **B** ; prenez en 3 files
à droiᵭ & 3 à gauche , & les coupez à la demy-file pour faire les angles ; prenez en encore 6 files à droiᵭ & 6 à gauche & les laiffez fur
leur terrain ; coupez les 12 files du milieu à la demy-file, & en faiᵭes
marcher une moitié en avant & l'autre en arriere, tant que la croix **C**
foit formée ; & parce qu'il eft demeuré 6 files à droiᵭ & 6 à gauche
fur leur terrain, vous en prendrez 3 files à droiᵭ & 3 à gauche, & les ferez doubler fur les 3 autres files comme monftre **D** en la mefme figure ;
puis vous ferez marcher les angles en leur place, & le Bataillon fera
formé. Il faut auffi 306 Moufquetaires à 6 de hauteur & 52 de front,
qui doivent eftre aux flancs du Bataillon de Piquiers au premier ordre,
defquels vous prendrez 12 files de châque flanc que vous ferez doubler
par files ou par rangs, à fin qu'il y ait 12 rangs, que vous ferez entrer
dans le centre du Bataillon par les intervales des Piquiers ; & 160 defquels vous ferez les deux files de la bordure.

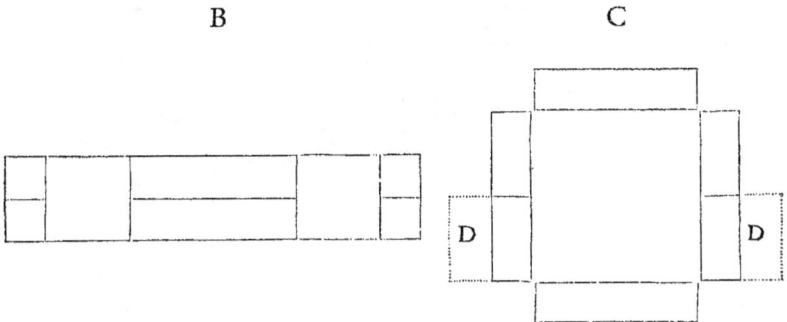

            B   **C**

A

Ce Bataillon, E , eft de 320 Piquiers ; pour le former fuivant cette
Regle il les faut mettre à 8 de hauteur & 40 de front comme monftre
la figure F ; en prendre 4 files à droiĉt & 4 à gauche, & les couper à la
demy-file pour faire les angles ; en prendre encore 8 files à droiĉt & 8 à
gauche & les laiffer fur leur terrain ; couper les 16 files du milieu à la
demy file, & en faire marcher la moitié en avant & l'autre en arriere,
pour faire la croix G ; puis faire doubler par demy - rang les 8 files qui
font demeurées à droiĉt & à gauche fur leur terrain , comme monftre
la figure D ; faire marcher les angles en leur place, & le Bataillon fera
formé. Il faut 464 Moufquetaires, à 8 de hauteur & 51 de front ; defquels en faut prendre 16 files de châque flanc , & apres les avoir faiĉt
doubler par demy-rang, à fin qu'ils foient à 16 de hauteur, les faire paffer par les intervales des rangs dans le centre du Bataillon; & 192 pour
faire les deux files de la bordure ; emouffer les angles , faire apprefter
les Moufquetaires, & prefenter les Armes par tout.

F　　　　　　　　　　　　　　G

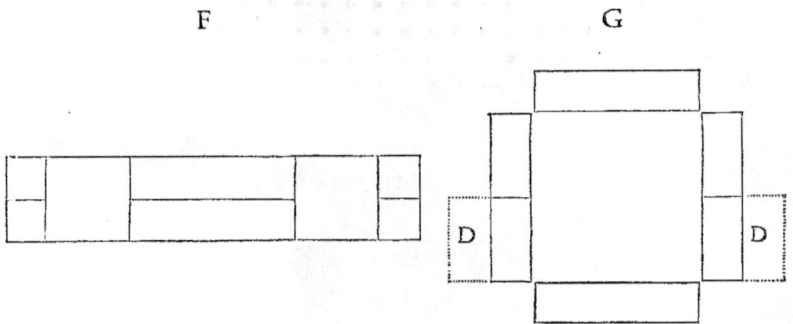

E

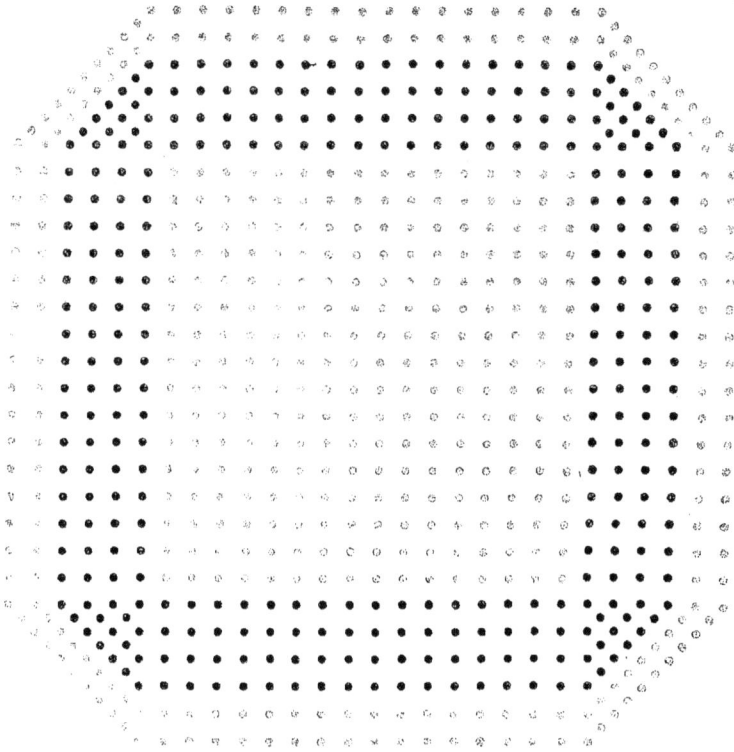

Ce Bataillon H , eſt de 500 Piquiers ; pour le former ſuivant cette Regle il les faut mettre à 10 de hauteur & 50 de front comme monſtre la figure I ; en prendre 5 files à droiᴄ̌t & 5 à gauche & les couper à la demy-file pour faire les angles ; en prendre encore 10 files à droiᴄ̌t & 10 à gauche & les laiſſer ſur leur terrain ; couper les 20 files du milieu à la demy-file, & en faire marcher la moitié en avant & l'autre en arriere pour faire la croix L ; puis faire doubler par demy-rang les 10 files qui ſont demeurées à droiᴄ̌t & à gauche ſur leur terrain , comme on void la figure D ; faire marcher les angles en leur place & le Bataillon ſera formé. Il faut auſſi 660 Mouſquetaires, à 10 de hauteur & 66 de front ; deſquels en faut faire entrer 400 dans le centre des Piquiers , & 256 pour faire les deux files de la bordure.

I

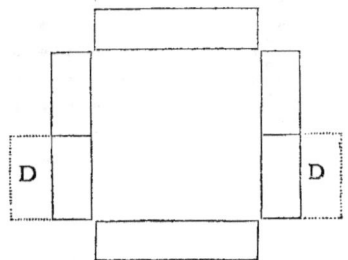

L

D   D

H

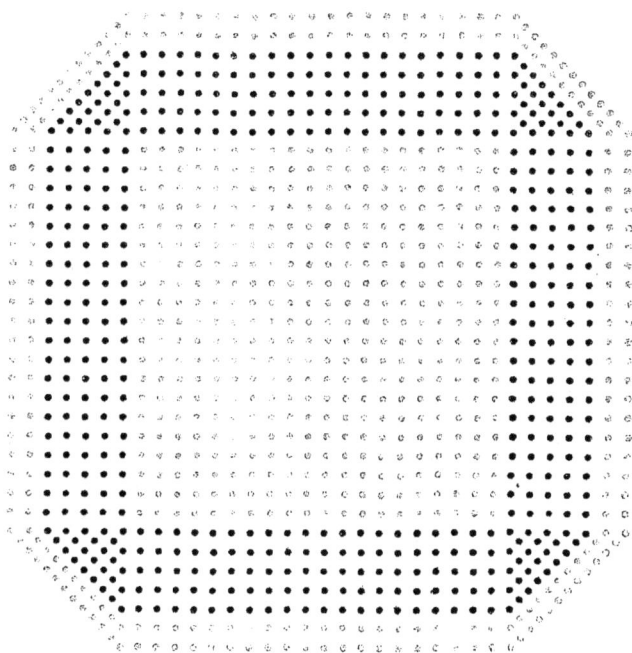

Il n'y a point de Regle fi generale pour former les Bataillons contre la Cavalerie qu'eft celle-cy, de laquelle le front eft quintuple de la hauteur; pouvant avec facilité donner huiê ou dix formes differentes à un mefme Bataillon.

Pour former l'Oêogone, M, le Bataillon eftant au premier Ordre, à fçavoir de 720 Piquiers, à 12 de hauteur & 60 de front, comme nous avons monftré par les figures precedentes ; & 888 Moufquetaires, à la mefme hauteur, aux deux flancs des Piquiers, il faut faire les commandemens qui fuivent.

Prenez garde à vous Piquiers. Les 6 files de main droiête, & les 6 files de main gauche, haut la pique. La demy file de ceux qui ont faiê haut la pique, demy tour à droiê. Marche tout ce qui a faiê haut la pique, jufqu'à 10 pas hors du Bataillon. Les 12 files de main droiête, & les 12 files de main gauche, haut la pique. Ceux qui ont faiê haut la pique, prenez garde à vous. Demy rang de main droiête, à gauche doublez vos files par tefte & par queuë. Demy rang de main gauche, à droiê doublez vos files par tefte & par queuë. Les 24 files qui font demeurées dans le milieu, haut la pique. Demy file des 24 files du milieu, demy tour à droiê. Marchez les 24 files du milieu jufqu'à ce que vous foyez plus avancez d'un pas que celles qui viennent de doubler par demy rang, & qui n'ont bougé de fur leur terrain. Puis continuer : Les 6 files qui ont marché les premieres dix pas hors du Bataillon, prenez garde à vous. Demy tour à droiê, & marchez dans les angles du Bataillon, où eftant faiêtes encore demy tour à droiê. Les 12 files de main droiête, qui ont doublé par demy rang, à droiê. Les 12 files de main gauche, qui ont doublé par demy rang, à gauche ; & le Bataillon fera formé. Quant aux Moufquetaires, la figure faiê affez bien voir comme on les doit placer.

Pour remettre le Bataillon, il faut remettre les Moufquetaires les premiers, en commandant, Moufquetaires reprenez vos files & vos rangs. Et aux Piquiers, qui forment toûjours le corps du Bataillon, il leur faut faire les commandemens fuivans. Les 6 files qui rempliffent les angles, marchez hors du Bataillon. Ceux qui ont doublé par demy-rang, à droiê, & à gauche, remettez vos rangs. Les 24 files du milieu, demy tour à droiê. Ceux qui ont faiê demy tour à droiê, marchez à vos places dans le milieu, où eftant les Chefs de files feront encore demy tour à droiê. Les 6 files qui ont marché hors des angles, demy tour à droiê, & marchez à vos places, où eftant les Chefs de files feront encore demy tour à droiê ; à lors le Bataillon fera remis.

M

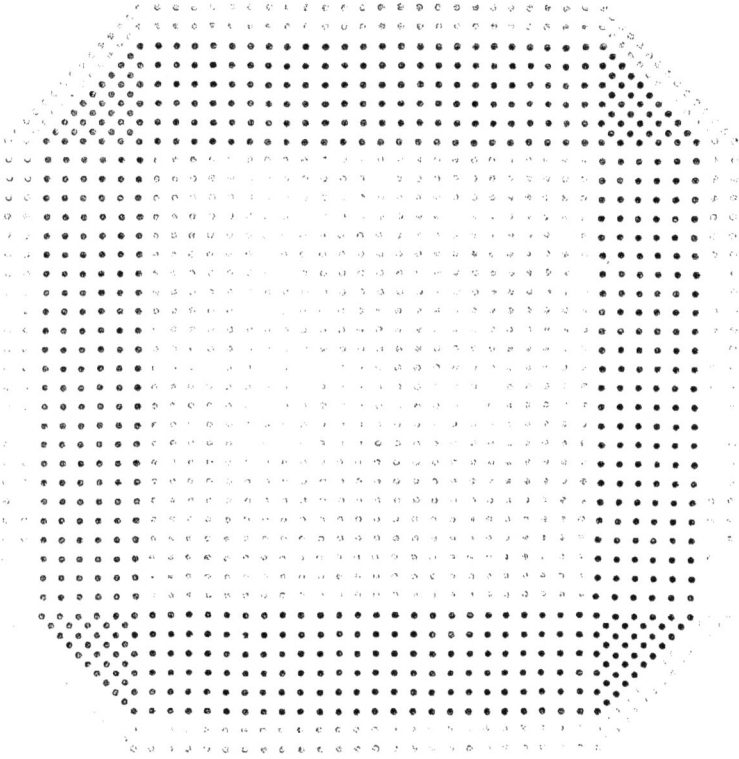

Si vous avez 320 Piquiers pour faire le Bataillon A, il les faut mettre à 8 de hauteur & 40 de front, comme monftre la figure B, les partager en cinq parts egales, de 8 files & 8 rangs châcune ; puis de 4 en
former la figure C ; & de la cinquiefme mettre deux files à l'entour du
centre. Il faut auffi 368 Moufquetaires, à la mefme hauteur que les
Piquiers ; defquels faut mettre 64 dans le centre ; & 304 pour faire les
deux files de la bordure ; faire emouffer les angles, & prefenter les Armes par tout.

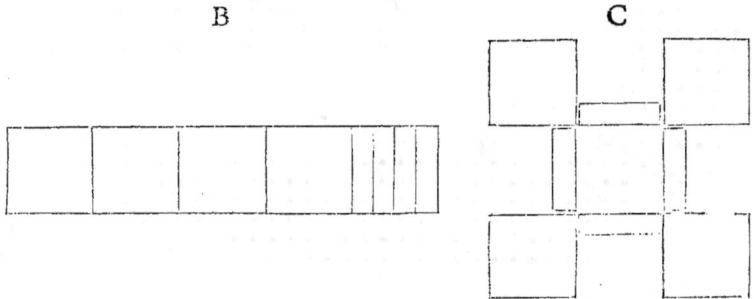

B   C

A

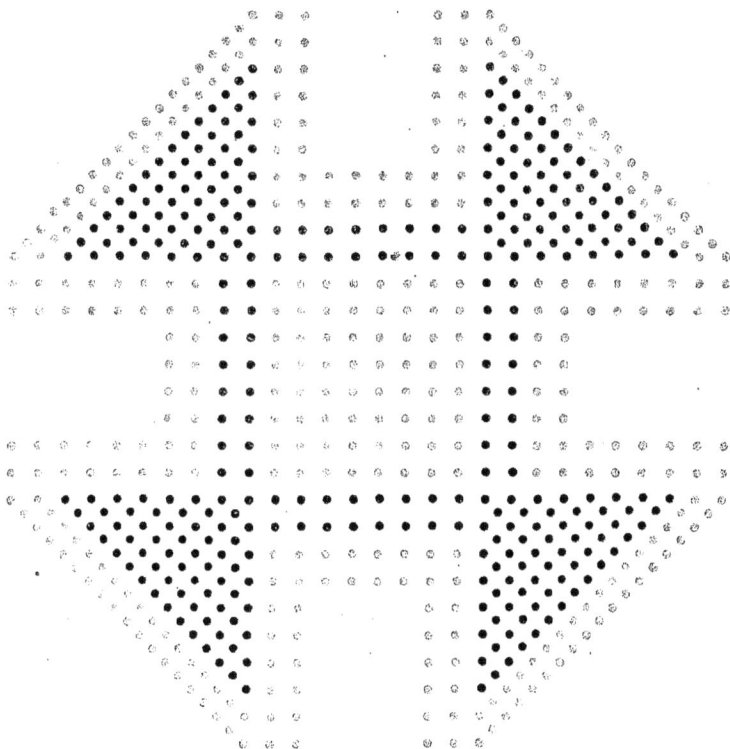

Ce Bataillon D eft de 500 Piquiers ; pour le former il les faut mettre à 10 de hauteur & 50 de front comme monftre la figure E , qu'il
faut partager en 5 parts egales, de 4 defquelles on formera la figure F,
& de la cinquiefme on fera 3 files tout à l'entour comme au precedent
Bataillon. Il y a 100 Moufquetaires dans le centre du Bataillon, & 300
aux deux files qui font la bordure.

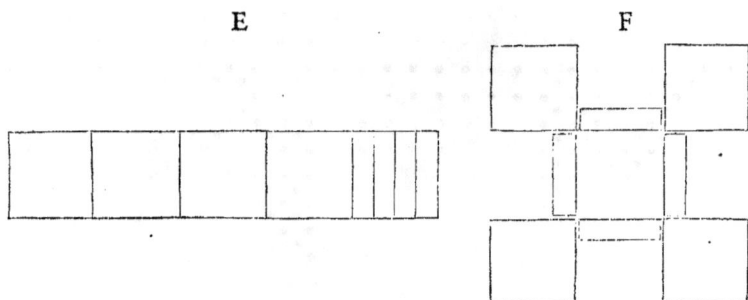

E   F

D

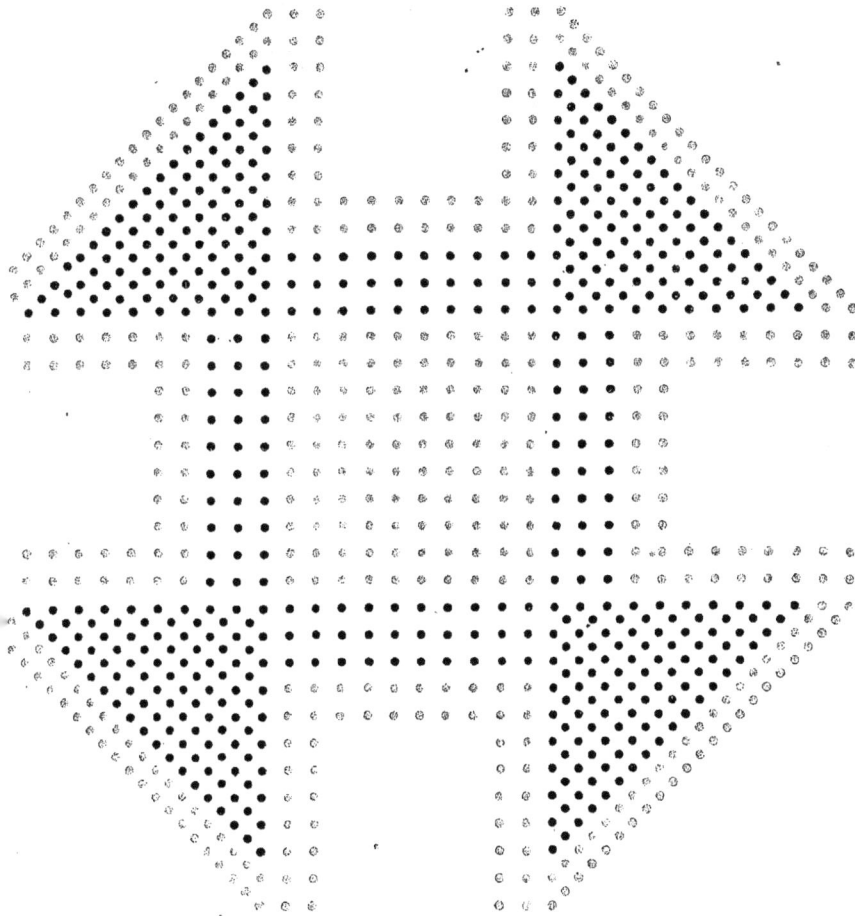

Pour faire cette grande Croix du feu Prince d'Auranges il faut mettre 720 Piquiers à 12 de hauteur & 60 de front, comme monſtre la figure H; les couper en 5 parts egales de 144 hommes châcune, en 12 files & 12 rangs; faire marcher la partie de l'aiſle gauche à la teſte de la partie du milieu, 3 pas plus avant que ſon premier rang, & la partie de l'aiſle droicte à la queuë de la meſme partie du milieu, encore 3 pas plus avant que ſon premier rang, & la croix, I, ſera formée; mais il faudra encore faire eſloigner de 3 pas les deux autres parties qui ſont aux deux coſtez de celle du milieu, à fin qu'elles-en ſoient eſloignées toutes quatre de 3 pas chacune; puis faire ouvrir par demy-rang les quatre parties qui ont marché & les eſloigner châcun de 6 pas; couper la partie du milieu au demy-rang & à la demy-file pour en faire quatre petits quarrez de 36 hommes chacun, & les faire marcher dans les ouvertures qui ont eſté faictes juſqu'à ce que le premier rang ſoit autant avancé que le premier de chacune branche, & la Croix, G, ſera formée. Il y a 36 Mouſquetaires dans chaque centre, qui ſont 228 pour les 8, & 400 pour les deux files de la bordure, qui ſont en tout 688 Mouſquetaires.

H   I

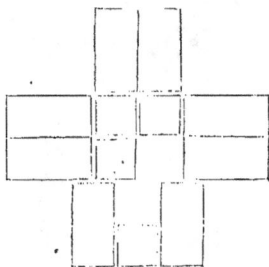

G

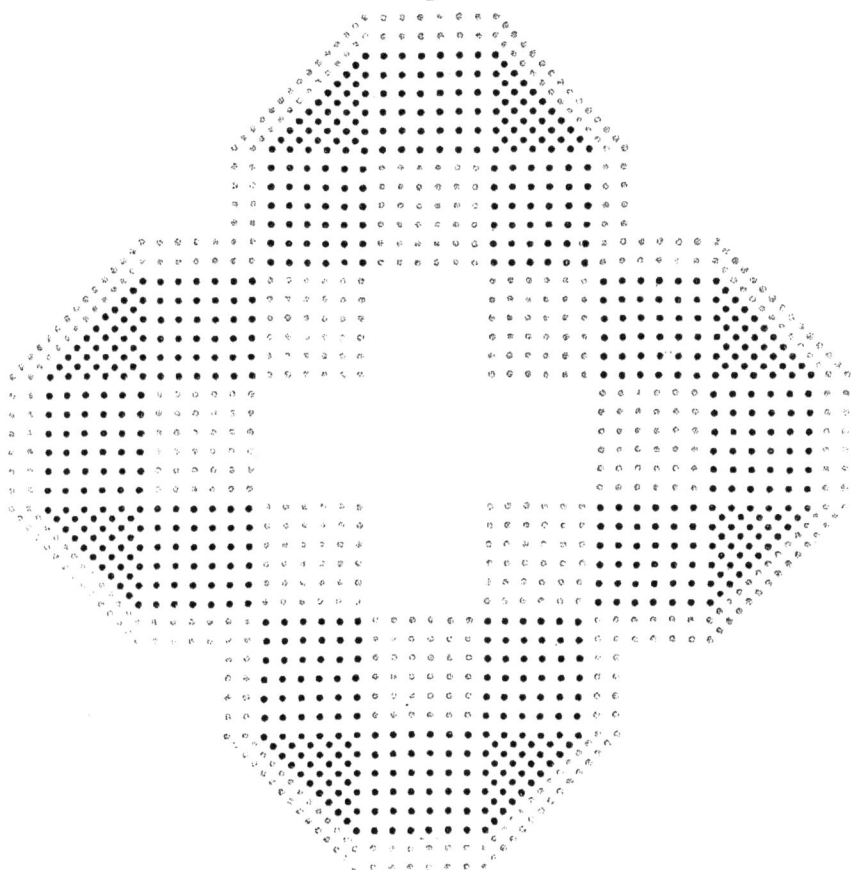

Pour faire ce Bataillon Citadelle, K, il faut mettre 720 Piquiers à 12 de hauteur & 60 de front comme monſtre la figure L, en prendre 12 files à droiĉt & 12 à gauche & les couper au demy-rang pour faire doubler les demy-rangs en dedans par teſte & par queuë; couper les 36 files du milieu, à la demy-file, & en faire marcher la moitié en avant & l'autre en arriere juſqu'à ce que le dernier rang ſoit plus avancé d'un pas que le premier rang des files qui ont doublé par teſte & par queuë, puis faire r'entrer les files qui ont doublé juſqu'à la ſixieſme file de celles qui ont marché en avant & en arriere, comme on void la figure M; ce qu'eſtant faiĉt il ne faudra plus que couper les 12 files du milieu de châque face & les faire marcher vers le centre, tant qu'elles ſe rencontrent, & le Bataillon ſera formé. Il faut auſſi 144 Mouſquetaires dans le centre du Bataillon; 36 dans châcune des encoingneures en dedans; & 432 qu'il faut pour faire les deux files de la bordure; qui font en tout 720 Mouſquetaires.

L   M

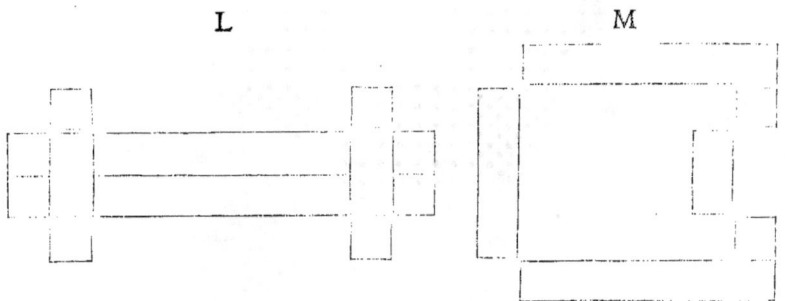

K.

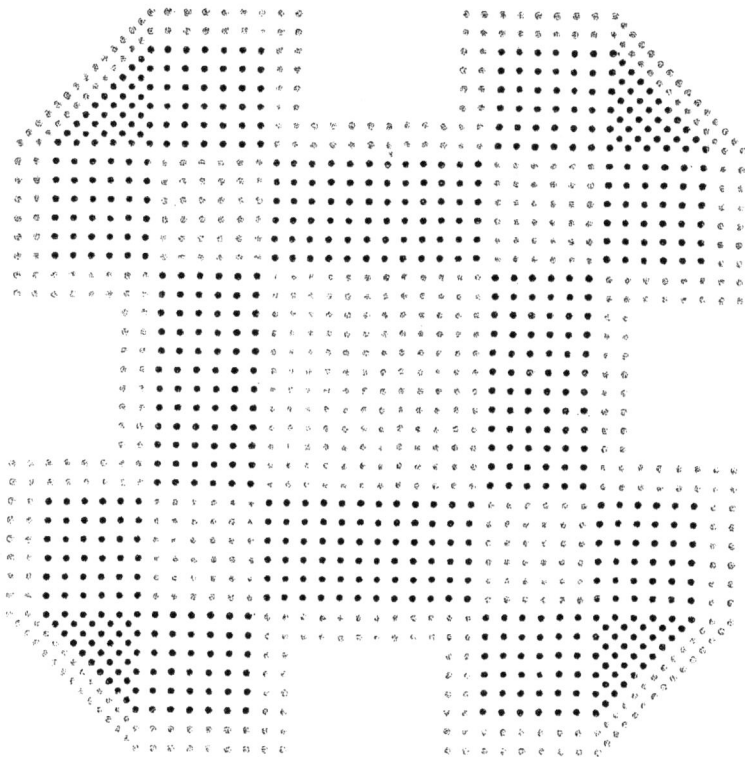

Pour faire ce Bataillon Radieux N, par cette Regle, il faut mettre
720 Piquiers à 12 de hauteur & 60 de front comme on void la figure O;
en couper 6 files à droiɛt & 6 à gauche pour couvrir deux encoingneures; couper encore 6 files à droiɛt & 6 à gauche pour couvrir les deux
autres encoingneures; couper les 36 files du milieu à la demy-file; faire
faire à droiɛt depuis le Chef de file jufqu'au Serre demy-file, les faire
marcher tant qu'il y ait 6 files qui foient un pas hors de leur premier
terrain, & il y aura 6 files & 6 rangs qui déborderont de châque cofté,
qu'il faudra faire doubler à la tefte ou à la queuë des autres files qui ne
débordent pas, châcun de fon cofté, comme on void la figure P; puis
couper les 18 files du milieu à la demy-file, les faire marcher une moitié en avant & l'autre en arriere jufqu'à ce que le dernier rang foit deux
pas plus avancé que le premier des files qui ont doublé, comme monftre la figure Q. Il y a 36 Moufquetaires en quarré dans châcun angle,
36 pour châcun des quarrez longs, & 338 pour faire les deux files de la
bordure, qui font en tout 626 Moufquetaires. Si on en a davantage on
en pourra mettre encore jufqu'à 144 dans le centre, & laiffer une ga-
lerie tout au-tour pour paffer quatre hommes de front.

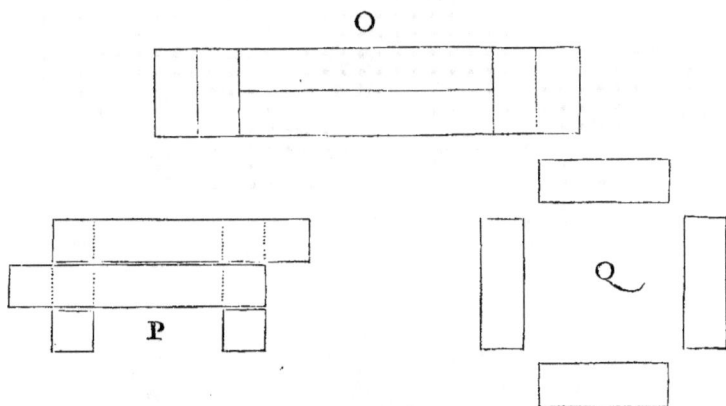

O

P

Q

N

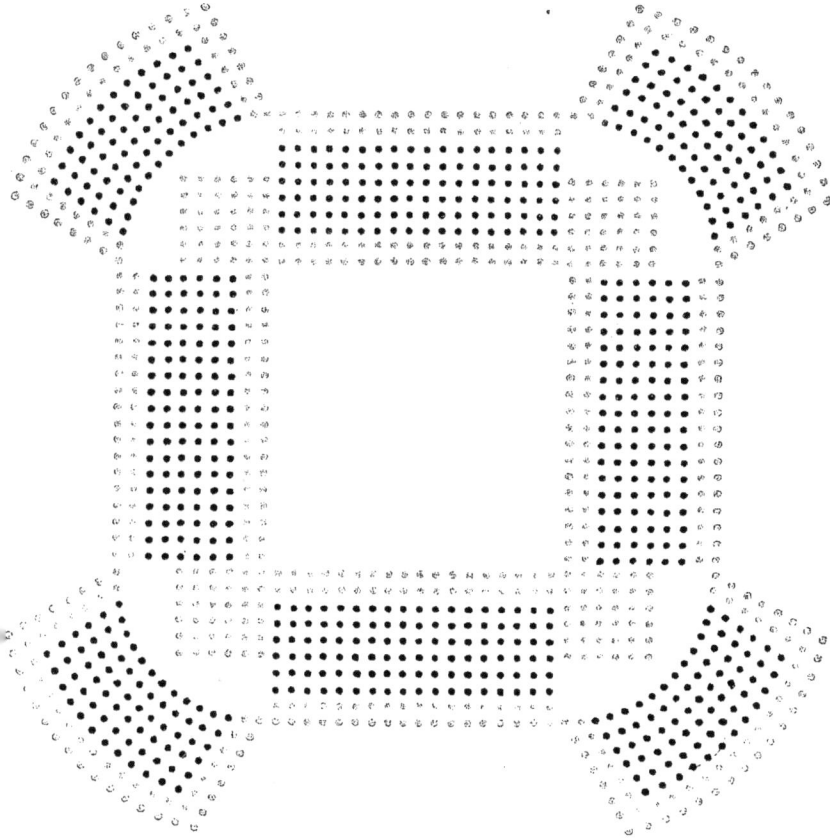

Ce Bataillon A, eſt de 1600 Piquiers; pour le former il en faut faire deux Bataillons egaux, de 500 Piquiers châcun, à 10 de hauteur & 50 de front, les couper à la demy-file & les reduire en quatre Bataillons de 150 Piquiers châcun, à 5 de hauteur & 50 de front, qu'il faut mettre en croix comme monſtre la figure B ; couper de châcun 10 files à droiɕt & 10 à gauche & les laiſſer ſur leur terrain; couper encore 10 files à droiɕt & 10 à gauche & les faire marcher en avant tant que le dernier rang ſoit plus avancé d'un pas que le premier des files qui ſont demeurées ſur leur terrain ; puis faire marcher les 10 files du milieu tant que le dernier rang ſoit pareillement plus avancé d'un pas que le premier des files qui ont marché, comme monſtre la figure B ; ce qu'ayant faiɕt il faudra prendre les 600 Piquiers qui reſtent & qui doivent eſtre à la queuë en un autre Bataillon à 10 de hauteur & 60 de front, & les couper en 12 parts egales, de 5 files châcune, pour couvrir les angles, comme on void audit Bataillon, & il ſera formé. Il y a 400 Mouſquetaires en croix dans le centre ; 100 à châcun des quarrez qui ſont aux encoingneures de dedans ; 600 pour les 12 quarrez longs, qui ſont 50 pour chacun ; 300 pour les 12 angles de dehors, qui ſont 25 pour chacun ; & 832 pour les deux files de la bordure ; qui ſont en tout 2532 Mouſquetaires.

B

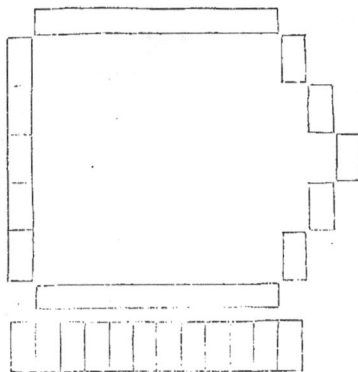

A

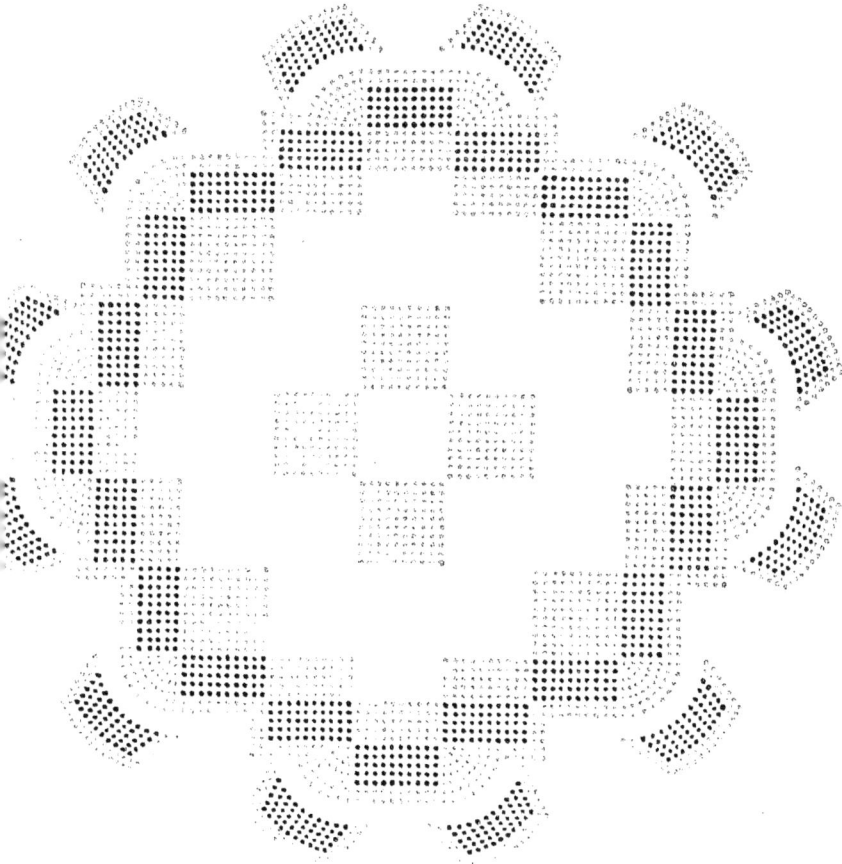

Si vous avez 720 Piquiers pour faire le Bataillon **A**, mettez les à 12 de hauteur & 60 de front, comme monftre la figure B ; puis prenez 12 files à droict & 12 à gauche & les laiffez fur leur terrain apres les avoir faict doubler par demy rang par tefte & par queuë, à fçavoir les 6 files des aifles fur les 6 files en dedans ; coupez les 36 files du milieu à la demy - file, & en faictes marcher la moitié en avant & l'autre en arriere jufqu'à ce que le dernier rang foit un pas plus avancé que le premier des files qui ont doublé par tefte & par queuë ; coupez en châcune face 6 files à droict & 6 à gauche & les faictes marcher vers le centre tant que le dernier rang foit tout entré, comme il fe void en la figure C ; & apres avoir faict émouffer les angles vous trouverez avoir formé un Bataillon à 8 faces, tres - fort pour fe defendre contre la Cavalerie. Il faut auffi 532 Moufquetaires, qui doivent eftre aux flancs des Piquiers, à 12 de hauteur ; defquels vous prendrez 12 files de châque aifle que vous ferez entrer dans le centre par les intervales des Piquiers, où eftant il en faudra laiffer 6 files à droict & 6 à gauche fur leur terrain ; couper les 12 files du milieu à la demy - file, & en faire marcher une moitié en avant & l'autre en arriere tant qu'ils joignent les Piquiers, comme on void en cette figure ; & des 304 Moufquetaires qui reftent vous ferez les deux files de la bordure.

B   C

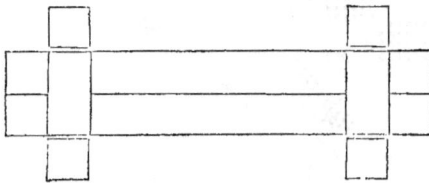
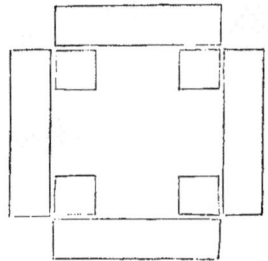

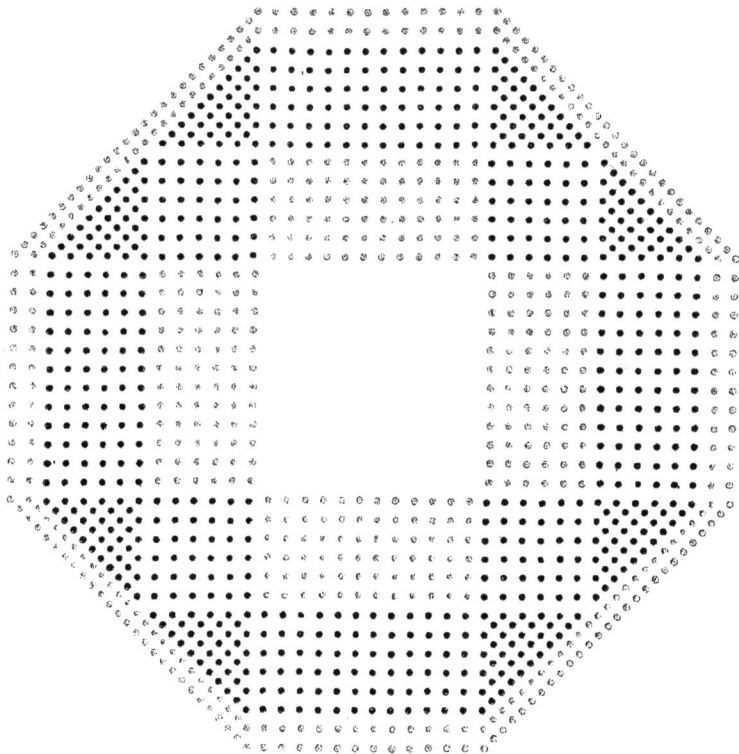

Si vous avez 720 Piquiers pour faire le Miraumont reformé, D, par cette Reigle, il faut mettre vos Piquiers à 12 de hauteur & 60 de front comme monstre la figure E ; ce qu'ayant fait, vous prendrez 12 files au flanc droict, & 12 au flanc gauche, & les laisserez sur leur terrain apres les avoir fait doubler par demy-rang par teste & par queuë ; Il faut que ce soient les 6 files des aisles qui doublent sur les 6 files qui sont en dedans des 12 files laissées sur leur terrain; vous couperez les 36 files du milieu à la demy-file, & les ferez marcher une moitié en avant & l'autre en arriere, jusqu'à ce que le dernier rang soit un petit pas plus avancé que le premier des files qui ont doublé par teste & par queuë; celà fait, vous ferez r'entrer les files qui ont doublé par demy rang, jusqu'à la sixiesme des files qui ont marché en avant & en arriere, & vous trouverez avoir fait quatre faces égales, & laissé un grand centre vuide, F ; vous couperez encore les 12 files du milieu de châque face, & les ferez marcher en avant jusqu'à ce que le dernier rang soit entierement sorty du reste de la face, & le Miraumont reformé D, sera formé. Il est aisé de reduire en triangle les files qui ont marché les dernieres, comme il est representé en ceste figure, ce qui n'est pas pourtant absolument necessaire. Il faut aussi 838 Mousquetaires que vous mettrez aux deux flancs des Piquiers au premier ordre à 12 de hauteur, desquels vous prendrez 432 que vous placerez dans les centres, & pour 2 files tout à l'entour pour faire la bordure 400.

E   F

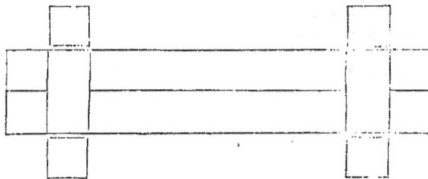 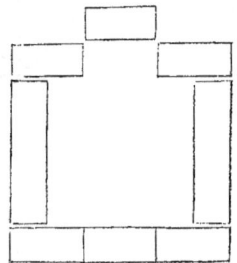

D

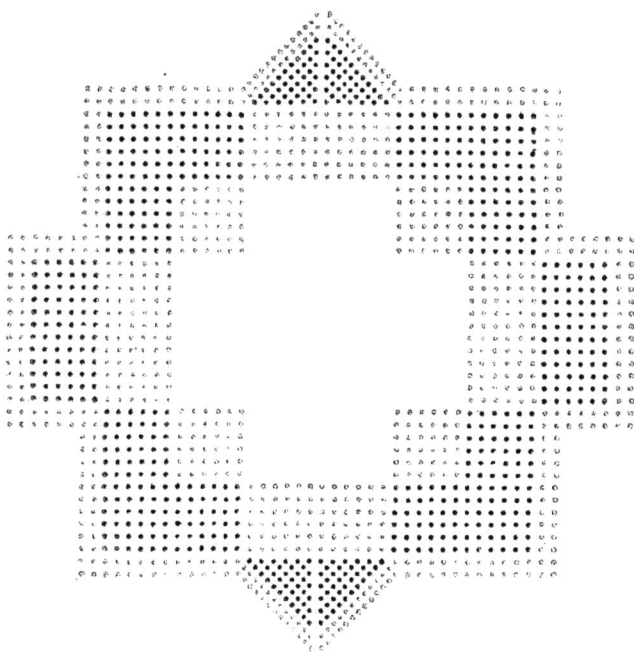

Si vous avez 320 Piquiers & 456 Moufquetaires pour faire ce Bataillon A, vous ferez une croix de Moufquetaires, à fçavoir un quarré de
64 Moufquetaires pour mettre au centre, vous prendrez 192 Moufquetaires que vous partagerez en quatre parts egales de 48 châcune en 8
files & 6 rangs pour former la croix B ; puis vous partagerez vos 320
Piquiers en cinq parts egales de 64 châcune ; en amener quatre aux
angles de la croix de Moufquetaires, & de la cinquiefme en faire huiĉt
rangs de 8 hommes chacun, & en amener deux rangs à la tefte de chaque Bataillon de Moufquetaires ; les 200 Moufquetaires qui reftent feront pour faire les 2 files de la bordure.

B

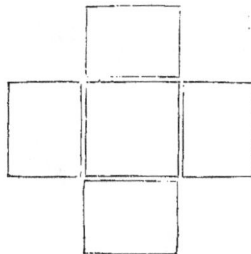

A

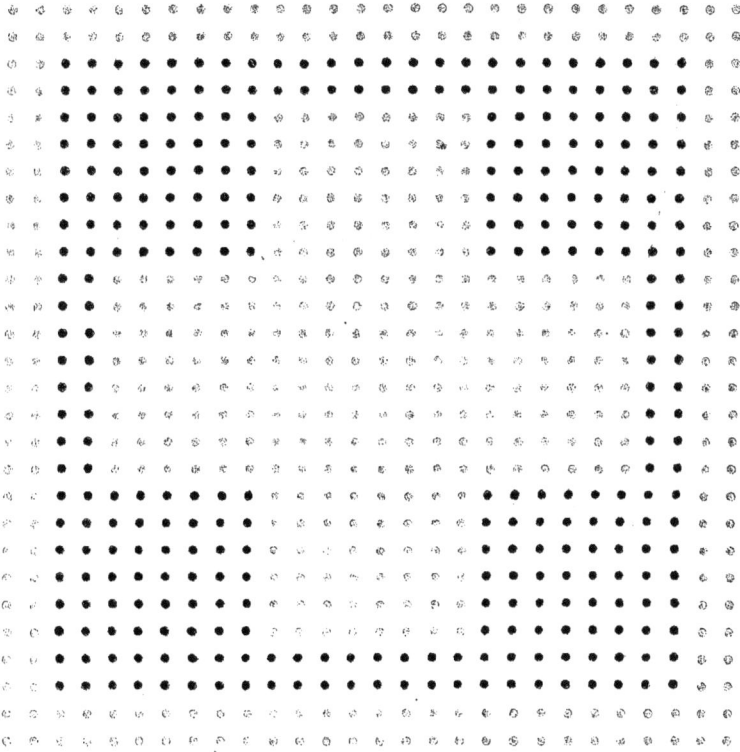

Pour faire cette Croix C, il faut prendre 306 Piquiers & les mettre à 6 de hauteur & 51 de front comme monſtre la figure D, de laquelle il faut faire doubler 48 files par demy-rang, les couper au demy-rang & à la demy-file & en former la croix E, laiſſant 3 files ſur leur terrain pour en faire ce qui ſera dit cy apres ; puis prendre 4 files à droiƈt & 4 à gauche de châcun des Bataillons de la croix E & les laiſſer ſur leur terrain ; faire marcher les 4 files du milieu tant que le dernier rang ſoit un pas plus avancé que le premier des files qui ſont demeurées ſur leur terrain ; couper 2 rangs à la teſte des 4 files qui ont marché & les partager en deux parts egales de 4 hommes châcune pour faire les angles; ce qu'eſtant faiƈt on prendra les 3 files qui ont eſté laiſſées ſur le terrain dont on fera quatre petits Bataillons de 4 hommes chacun pour mettre dans les angles d'enbas, & le Bataillon ſera formé. Il y a 24 Mouſquetaires dans le centre de chacune branche de la croix, 80 pour les 5 centres du dedans, qui ſont 16 à chacun ; & 234 pour faire les deux files de la bordure.

D   E

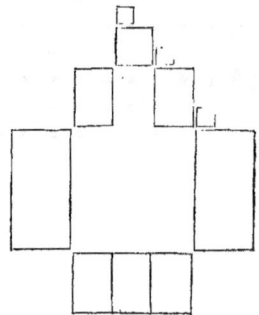

C

Pour faire ce double Octogone **E**, il faut mettre 700 Piquiers à 12
de hauteur & 35 de front comme monftre la figure F ; prendre 5 files
au flanc gauche & les couper en quatre parts egales pour faire les angles ; prendre encore 5 files à droict & 5 à gauche & les laiffer fur leur
terrain ; couper les 20 files du milieu aux quarts de files à la tefte & à
la queuë, & apres avoir faict faire demy tour à droict au quart de file
de la queuë, les faire marcher en avant l'un & l'autre tant que le dernier rang foit plus avancé d'un pas que le premier des files qui ont demeuré fur le terrain, & la croix de dehors fera formée. Il refte encore
20 files en une maffe dans le milieu, defquelles faut laiffer 5 files à droit
& 5 à gauche fur leur terrain ; couper les 10 files du milieu à la demy-
file & les faire marcher tant que la croix de dedans foit formée ; puis
amener les angles en leur place, & le Bataillon fera formé, comme on
void la figure G. Il faut auffi 25 Moufquetaires à châcun des angles de
la croix de dedans, qui font 100 pour les quatre ; puis 100 dans le centre du Bataillon ; & 252 pour les deux files de la bordure, qui font en
tout 452 Moufquetaires.

F   G

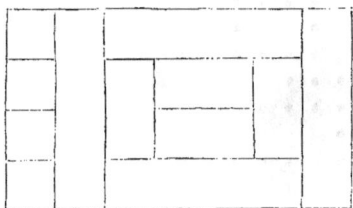
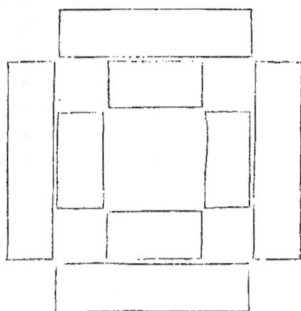

E

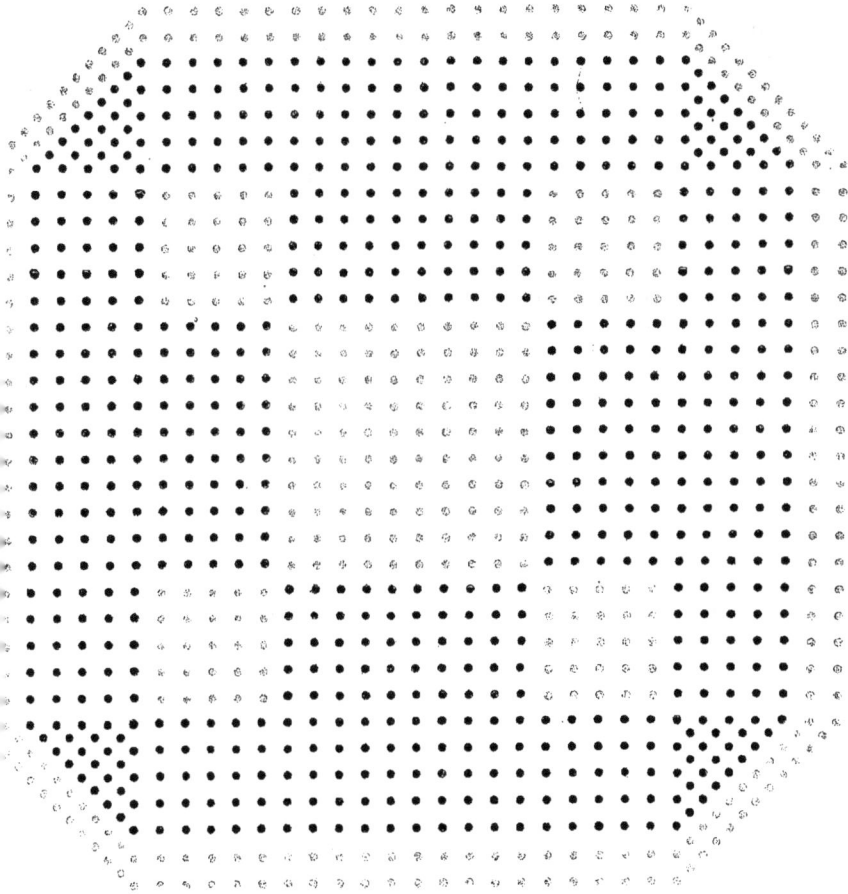

Du double Octogone precedent fe forme ce fecond H , pour mettre davantage de Moufquetaires à couvert . Il faut pour le former faire
haut la pique tout le monde ; couper toutes les faces de la croix de
dehors au demy-rang & les faire marcher en avant, par l'angle, tant
qu'il y ait affez d'ouverture dans le milieu de châque face pour placer
les 10 files de la croix de dedans , & les y amener, & le Bataillon fera
formé comme monftre la figure I. Il y peut entrer de plus qu'au precedent 780 Moufquetaires ; defquels faut mettre 50 dans châcune des
places où eftoient les Piquiers de la croix de dedans, qui font 200 pour
les quatre, & 500 entre les Piquiers & les Moufquetaires qui font desja
placez dans le centre ; & 20 en châcune face pour achever de border
ce qui a efté adjoufté à châque front des Piquiers, qui font 80 pour les
quatre.

I

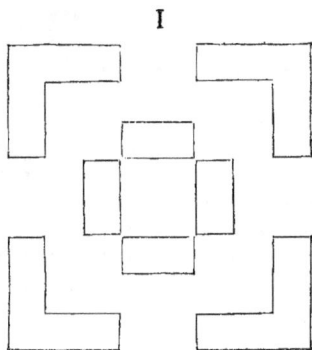

H

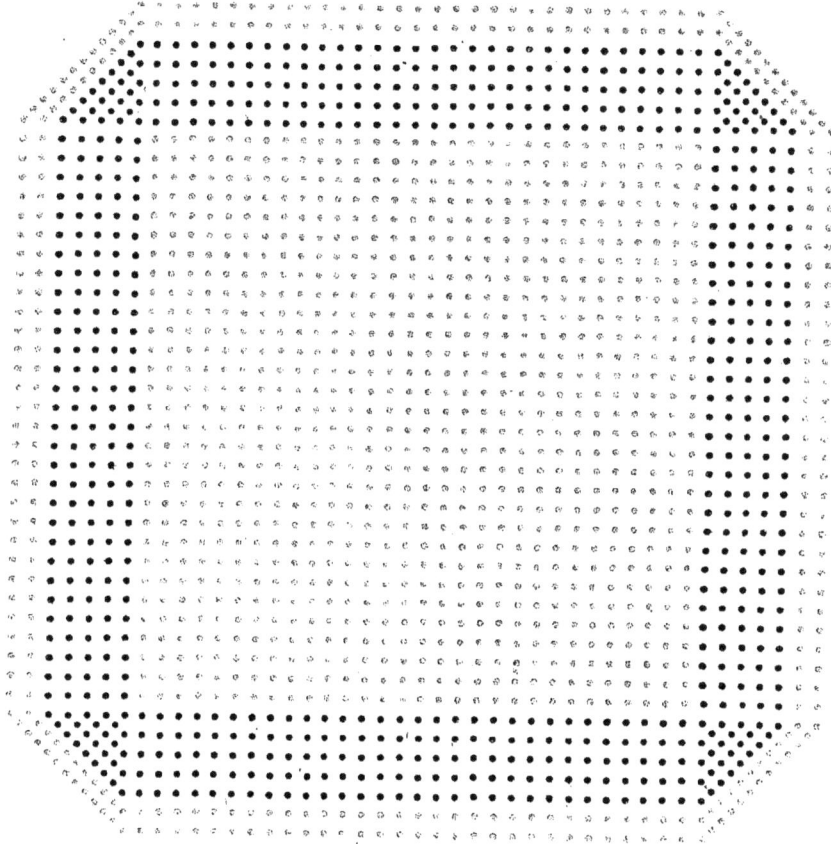

Ce trois-iefme Octogone K eft tiré des deux precedens felon l'ordre du feu Roy, & eft de mefme nombre de Piquiers ; pour le former il faut laiffer les quatre angles fur leur terrain, & faire marcher tout le refte jufqu'aux encoingneures des angles & il fera formé, comme on void la figure M. Il s'y peut adjoufter 640 Moufquetaires davantage qu'au fecond marqué H, à fçavoir 150 dans la diftance qui fe trouve entre les Moufquetaires qui font desja dans le centre & les Piquiers qui ont marché, qui font 600 pour les quatre faces ; & 80 pour border les 8 encoingneures, qui font 10 pour châcune.

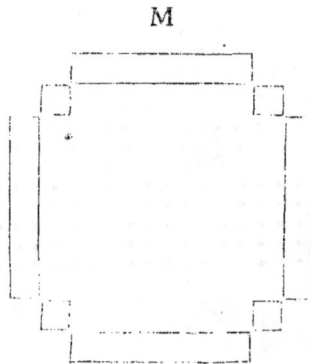

M

K

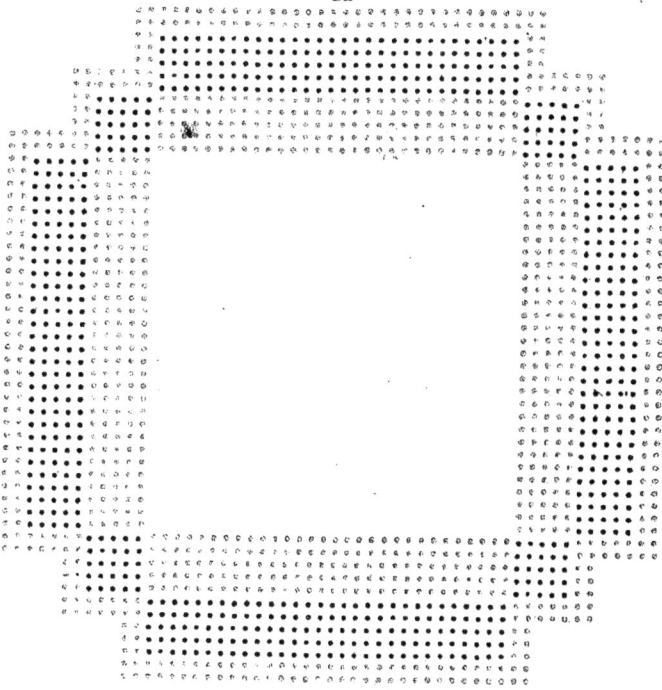

Pour faire ce Bataillon **A**, il faut mettre 704 Piquiers à 16 de hauteur & 44 de front comme monſtre la figure **B** ; puis prendre 4 files au
flanc gauche & les couper en quatre parts egales de 16 châcune pour
faire les angles ; prendre encore 8 files à droict & 8 à gauche & les laiſſer ſur leur terrain pour en faire ce qui ſera dit cy apres ; prendre encore 4 files à droict & 4 à gauche & les laiſſer ſur leur terrain ; couper
4 rangs à la teſte & 4 à la queuë des 16 files du milieu, & apres avoir
faict faire demy-tour à droict à ceux de la queuë, les faire marcher tant
qu'ils forment une croix ; ce qu'ayant faict il reſtera 16 files en une
maſſe dans le milieu, deſquelles faut laiſſer 4 files à droict & 4 à gauche , & couper les 8 files du milieu à la demy-file pour en former la
croix de dedans, comme monſtre la figure **C** ; apres-quoy faut prendre les 8 files à droict & 8 à gauche qui ont eſté laiſſées au commencement ſur leur terrain, & faire de châcune quatre parts egales, les cou-
pant au demy-rang & à la demy-file, & de deux d'icelles parties couvrir un angle du Bataillon, comme monſtre la lettre **D** ; puis il ne faudra que mener les angles en leur place, comme monſtre la lettre **E**, &
le Bataillon ſera formé. Il y a 528 Mouſquetaires, ſçavoir 16 dans châque encoingneure de la croix de dehors, qui ſont 64 ; 16 dans châcune
des encoingneures de la croix de dedans, qui ſont encore 64 ; 64 dans
le centre du Bataillon ; & 336 pour faire les deux files de la bordure.

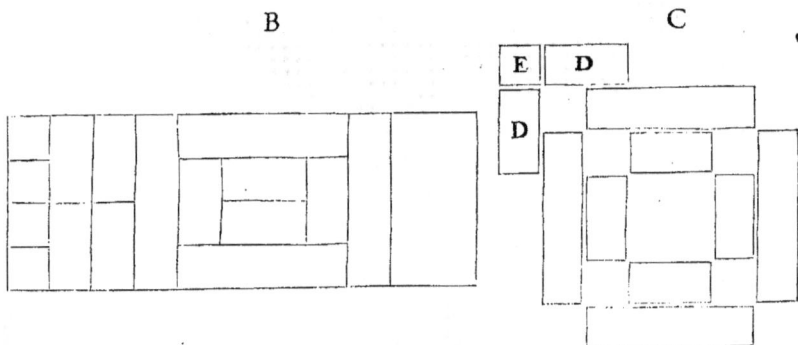

B   C

A

C'eſt en cet ordre que le Prince de Parme ſe retira aupres d'Amiens devant le feu Roy Henry le Grand. Cette retraitte eſt tenuë pour une des plus belles & des plus genereuſes qui ayent eſté faiĉtes depuis deux cens ans.

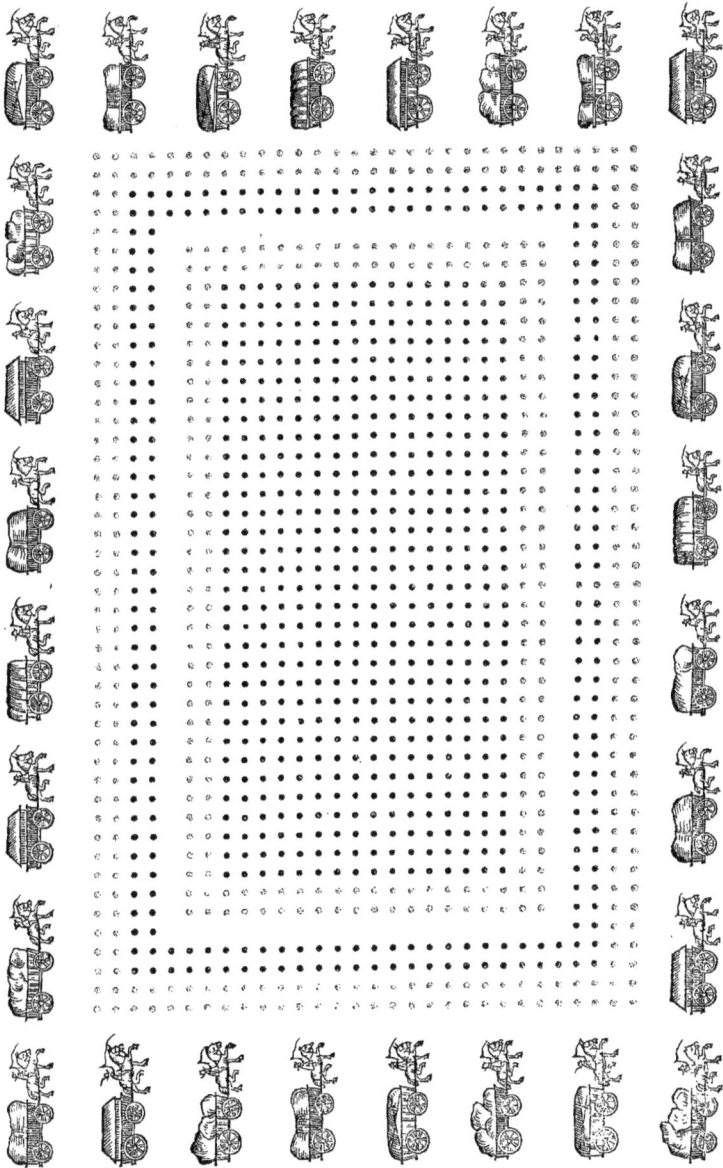

FIN DES BATAILLONS.

ORDRES

ORDRES
DE BATAILLES.

ORDRES

DE BATAILLES.

APRES que noftre Marefchal de Bataille aura fufifamment monftré fa capacité, tant à enfeigner le Maniment des Armes aux Soldats, à les dreffer à faire toutes fortes d'Evolutions, qu'à former les Bataillons contre l'Infanterie & contre la Cavalerie, comme nous l'avons monftré cy-deffus; il luy convient apporter une grande diligence à ranger l'Armée en Bataille en diverfes formes pour la pouvoir faire combattre en tous lieux, à toute heure, fans confufion, & avec avantage, qui eft la principale partie de fa Charge. Pour cet effect, fi l'Armée doit marcher, il tafchera de fçavoir au vray la difpofition du chemin qu'il faut tenir, en fera fon rapport au Marefchal de Camp qui eft de jour, à fin de regler avec luy en quel ordre l'Armée pourra marcher avec plus de commodité & de feureté. L'ordre de la marche eftant fait, il en fera plufieurs copies fignées de luy, dont il en baillera une au General; une au Marefchal de Camp de jour; une à celuy qui commande l'Artillerie; une à châcun des Aydes de Camp; aux Majors de Brigades; au Marefchal des logis general de la Cavalerie; au General des vivres; & au Capitaine des bagages; à fin que châcun fçache où marcher pour éviter la confufion; & que tant les Aydes de Camp, Majors de Brigades, que Marefchal des logis General de la Cavalerie, le puiffent foulager dans la marche, faifant marcher toutes les troupes felon l'ordre qui leur aura efté prefcrit.

CC ij

Ayant difpofé toutes chofes pour la marche , & l'heure du partement eftant venuë , le Marefchal de Bataille fe rendra au rendez-vous
qu'il aura donné à toutes les troupes, où à mefure qu'elles arriveront il
les placera felon l'ordre que la marche aura efté difpofée ; & prendra
le mefme foin pour l'Artillerie , pour les vivres , & pour le bagage ; &
quoy qu'il foit affifté par les Officiers fuf-nommez, il ne s'en rapportera
qu'à fes propres yeux.

Si le rendez-vous donné à toutes les troupes fe trouve affez fpa-
tieux, il rangera l'Armée en bataille, en une, ou plufieurs lignes, felon
qu'il aura efté arrefté entre le Marefchal de Camp de jour, & luy, en
cas que les ennemis fe rencontraffent fur la marche de l'Armée ; apres
quoy, & apres en avoir receu l'ordre du General, ou du Marefchal de
Camp de jour, il fera marcher l'Armée en bataille ; en une, ou plufieurs colonnes, felon la commodité des chemins.

Le Marefchal de Bataille ne fe contentera pas d'avoir donné tous les
ordres pour marcher, il fera encore partir tous les corps l'un apres l'autre, & pendant qu'ils marcheront il ira continuellement d'un bout à
l'autre de l'Armée, pour faire qu'elle marche en bon ordre, & que fes
ordres foient ponctuellement executez.   Sa Charge l'oblige à plufieurs autres devoirs qui feront dits en leur lieu.

Il fe doit fçavoir fervir des troupes & de l'Artillerie, les rangeant en
divers Ordres de Batailles , felon que le terrain où fe trouve l'Armée ,
lors qu'il la faut ranger en bataille, fera difpofé ; & fur tout il doit tafcher en toutes façons que toutes les troupes foient fi bien difpofées,
qu'elles puiffent aller au combat fans autre empefchement que celuy
qui leur fera fait par les ennemis, qu'il peut fouvent eviter par fon
adreffe.

Nous luy mettons icy divers Ordres de Batailles qui ont efté faits
par differents Capitaines. Il y en a de l'invention du feu Roy Louys
le Iufte de tres-glorieufe memoire ; du feu Roy de Suede ; du feu
Prince d'Auranges, Mauriffe de Naffau ; du feu Duc de Veymar ; quelques-uns des Anciens Romains, qui les premiers ont marché par colonnes ; il y en a auffi de l'invention de plufieurs autres ; & quelques-
uns de la mienne. Outre tous lefquels Ordres, noftre Marefchal de
Bataille en aura un nombre infiny dans fon efprit, pour n'eftre jamais
furpris, & pouvoir ranger l'Armée en toutes fortes de lieux.

Pour faire tous les Ordres de Batailles, tant d'Infanterie que de Cavalerie, il faut, fi le lieu le permet, mettre tous les Bataillons & Efcadrons fur une mefme ligne, pour en tirer avec facilité, ces trois corps,
à fçavoir Avant-garde, Bataille, & Arriere-garde, & les ranger de forte
qu'ils puiffent aller au combat fans en eftre empefchez les uns par les
autres. Les Bataillons, pour s'en fervir utilement, ne doivent eftre au
plus que de 1000 hommes châcun, à 10 de hauteur, & l'Efcadron de
Cavalerie que de 100 maiftres, à 6 de hauteur, felon l'opinion des plus
experimentez Capitaines. La figure cy-deffous fait voir la difpofition
où ils font eftant rangez fur une mefme ligne.

Cet Ordre eft de 3 Bataillons, en deux corps.

Cet Ordre est de 4 Bataillons, qui forment une croix.

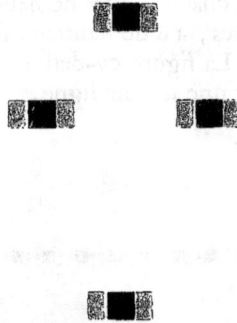

Cet Ordre est encore de 4 Bataillons.

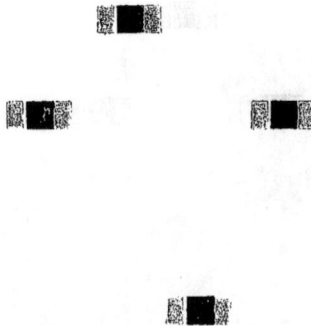

Cet Ordre eft de 5 Bataillons.

Cet Ordre eft de 5 Bataillons, qui forment une pyramide.

Cet Ordre eſt de cinq Bataillons, & eſt appellé Cinquain ; il ſe forme faiſant marcher les 2 & 4 Bataillons à l'Avant‑garde, les 1 & 5 à la
Bataille, & le 3 à l'Arriere‑garde.

Six Bataillons ſe mettent en Ordre de bataille par l'ordre du Sixain,
faiſant marcher les 2 & 5 Bataillons à l'Avant‑garde, les 3 & 4 à la Bataille, & les 1 & 6 à l'Arriere‑garde.

Cet Ordre

Cet Ordre eſt encore de 6 Bataillons, il ſe forme faiſant marcher les 2 & 5 Bataillons à l'Avant-garde, les 1 & 6 à la Bataille, & les 3 & 4 à l'Arriere-garde.

Cet Ordre eſt encore de 6 Bataillons.

Cet Ordre eſt auſſi de 6 Bataillons, qui forment une croix.

Sept Bataillons ſe mettent en Ordre de bataille, faiſant marcher les 3, & 5, Bataillons à l'Avant-garde; les 1, 4, & 7, à la Bataille; & les 2, & 6, à l'Arriere-garde.

Huiĉt Bataillons fe mettent en Ordre de bataille, faifant marcher les 3, & 6, Bataillon à l'Avant-garde ; les 1, 4, 5, 8, à la Bataille ; & les 2, & 7, à l'Arriere-garde. Cet Ordre forme deux croix ouvertes.

Neuf Bataillons fe mettent en Ordre de bataille faifant marcher le 2 le 5 & le 8 Bataillon à l'Avant-garde, le 1 le 4 le 6 & le 9 à la batail-le, & le 3 & le 7 à l'Avant-garde.

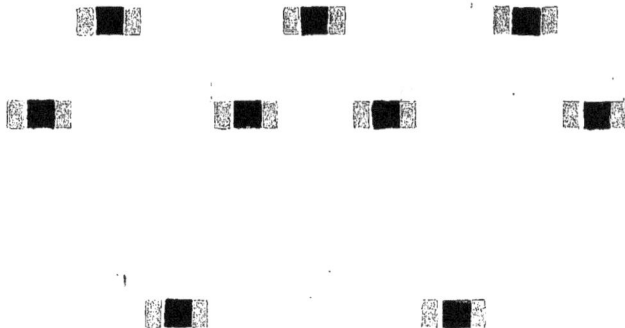

Dix Bataillons fe mettent en Ordre de bataille, en formant deux Cinquains par l'ordre du Cinquain.

Cet Ordre en forme d'Efchiquier eft compofé de 10 Bataillons d'Infanterie, il fe met en bataille felon cette figure, en faifant marcher le 2 le 5 & le 8 à l'Avant-garde, le 1 le 4 le 7 & le 10 à la Bataille, & le 3 le 6 & le 9 à l'Arriere-garde. Pour le former plus facilement, il faut feparer les Bataillons de trois en trois, & les faifant partir de fur une mefme ligne, commencer par le 3 de l'aifle droiĉte, faifant marcher le 2 à l'Avant-garde, le 1 à la Bataille, & le 3 à l'Arriere-garde, & continuer ainfi de 3 en 3 jufques au dernier qui eft à l'aifle gauche.

Vnze Bataillons fe mettent en Ordre de bataille, faifant marcher le 2 le 5 le 7 & le 10 à l'Avant-garde, le 1 le 4 le 8 & le 11 à la Bataille, & le 3 le 6 & le 9 à l'Arriere-garde.

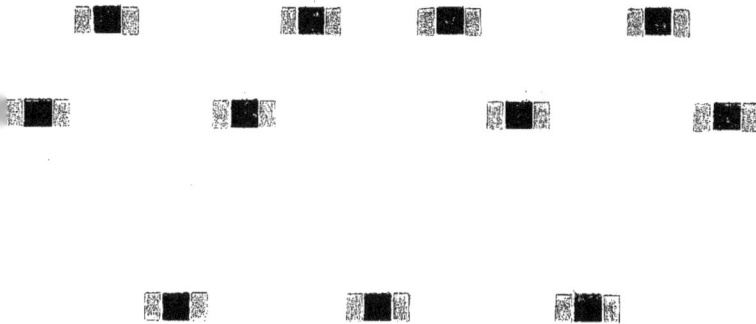

Douze Bataillons fe mettent en Ordre de bataille, en formant 2 Sixains, par l'Ordre dudit Sixain.

Treize Bataillons fe mettent en Ordre de bataille, en formant úne croix ouverte à châque cofté, & un Cinquain au milieu.

Treize Bataillons fe mettent en Ordre de bataille en forme d'Efchiquier, faifant marcher les 2, 5, 8, & 11, à l'Avant-garde ; les 1, 4, 7, 10, & 13, à la Bataille ; & les 3, 6, 9, & 12, à l'Arriere-garde.

Quatorze Bataillons se mettent en ordre de bataille en formant une croix ouverte à châque costé, & un Sixain au milieu.

Quinze Bataillons se mettent en ordre de bataille en formant trois Cinquains.

Cet Ordre eſt de 15000 hommes de piéd, en quinze Bataillons, qui forment une demie pyramide. Il eſt aſſez facile à former.

Seize Bataillons ſe mettent en ordre de bataille en forme d'Echiquier, faiſant marcher les 2, 5, 8, 11, 14, & 17, à l'Avant-garde ; les 1, 4, 7, 10, 13, & 16, à la Bataille; & les 3, 6, 9, 12, & 15, à l'Arriere-garde.

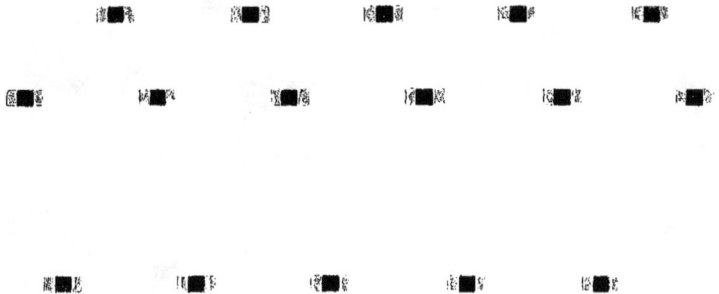

Seize

Seize Bataillons se mettent en ordre de bataille en formant un Cinquain sur châque aisle, & un Sixain au milieu.

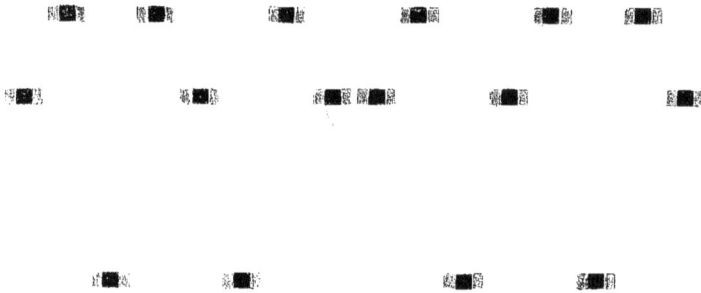

Dix-sept Bataillons se mettent en ordre de bataille en formant un Sixain à châque aisle, & un Cinquain au milieu.

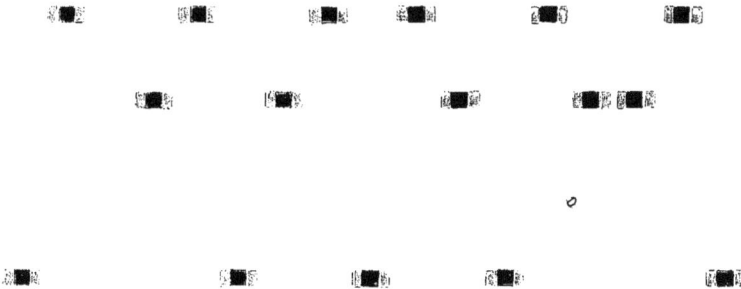

E E.

Dix-huiᵈ Bataillons ſe mettent en ordre de bataille en formant trois Sixains.

Dix-neuf Bataillons ſe mettent en ordre de bataille en forme d'Eſ-chiquier, faiſant marcher les 2,5,8,11,14,&17, à l'Avant-garde ; les 1,4,7,10,13,16, & 19 à la Bataille ; & les 3, 6, 9, 12, 15, & 18, à l'Ar-riere-garde.

Vingt Bataillons se mettent en ordre de bataille en formant quatre Cinquains.

Vingt-un Bataillons se mettent en ordre de bataille en formant un Cinquain sur châque aifle, puis un Cinquain & un Sixain dans le milieu.

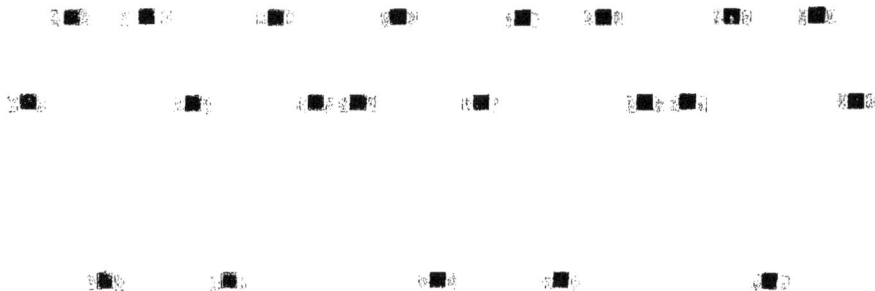

Vingt-deux Bataillons se mettent en ordre de bataille selon cette figure en formant un Cinquain sur châque aisle, & deux Sixains dans le milieu.

Pour mettre 22 Bataillons en ordre de bataille selon ceste figure, faut faire marcher les 2, 5, 8, 11, 14, 17, & 20, à l'Avant-garde; les 1, 4, 7, 10, 13, 16, 19, & 22, à la Bataille; & les 3, 6, 9, 12, 15, 18, & 21, àl'Arriere-garde.

Vingt-trois Bataillons se mettent en ordre de bataille en formant premierement un Sixain sur l'aisle gauche, puis en suite un Cinquain, avec deux Sixains.

Vingt-quatre Bataillons se mettent en ordre de bataille en formant quatre Sixains, par l'ordre du Sixain.

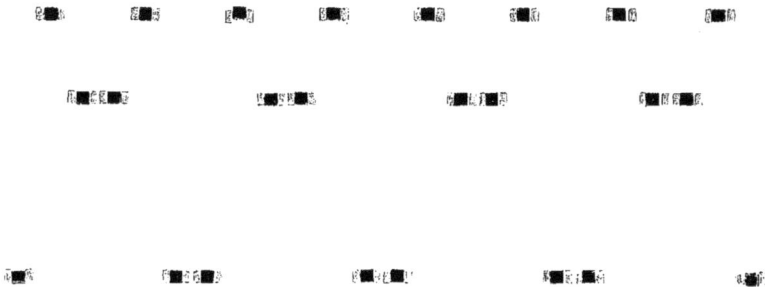

C'eſt en cet Ordre de 24 Bataillons, formé par 4 Sixains, que le feu Prince d'Auranges avoit diſpoſé ſon Armée pour le ſecours de Breda. Il y avoit des canons à la teſte de châque Bataillon.

Cet Ordre eſt de 25 Bataillons; il eſt formé par cinq Cinquains.

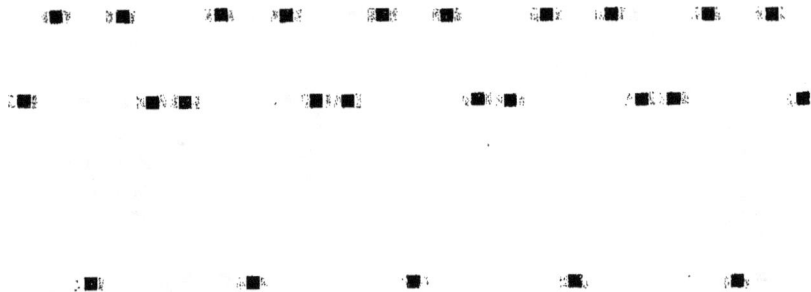

Pour mettre 26 Bataillons en ordre de bataille felon cefte figure, il faut former deux Cinquains fur châque aifle, & un Sixain ouvert dans le milieu.

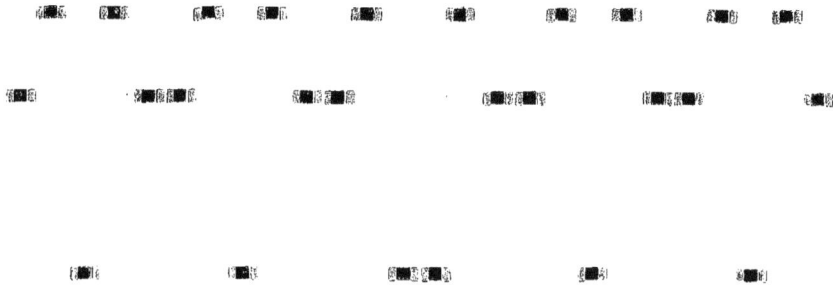

Vingt-fept Bataillons fe mettent en ordre de bataille felon cette fi-gure, en formant un Sixain fur châque aifle , & trois Cinquains dans le milieu.

Pour ranger en bataille 28 Bataillons, fuivant cette figure, il faut former un Cinquain fur châque aifle, & trois Sixains dans le milieu.

On met 29 Bataillons en ordre de bataille felon cette figure, en formant deux Sixains fur châque aifle, & un Cinquain dans le milieu.

Trente

Cet Ordre eſt de 30 Bataillons; il ſe forme par cinq Sixains.

Cet Ordre eſt un Rendez-vous d'Armée à la Suedoiſe ; le front eſt en dedans.

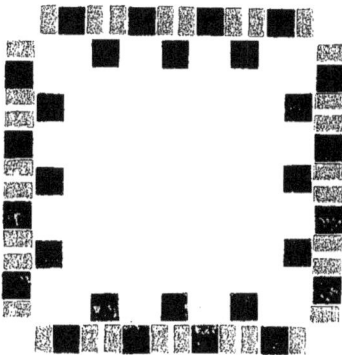

FF

On peut mettre des troupes d'Infanterie en cet ordre un jour de rendez-vous; pour faire paroiftre les troupes, lon fait front des quatre coftez.

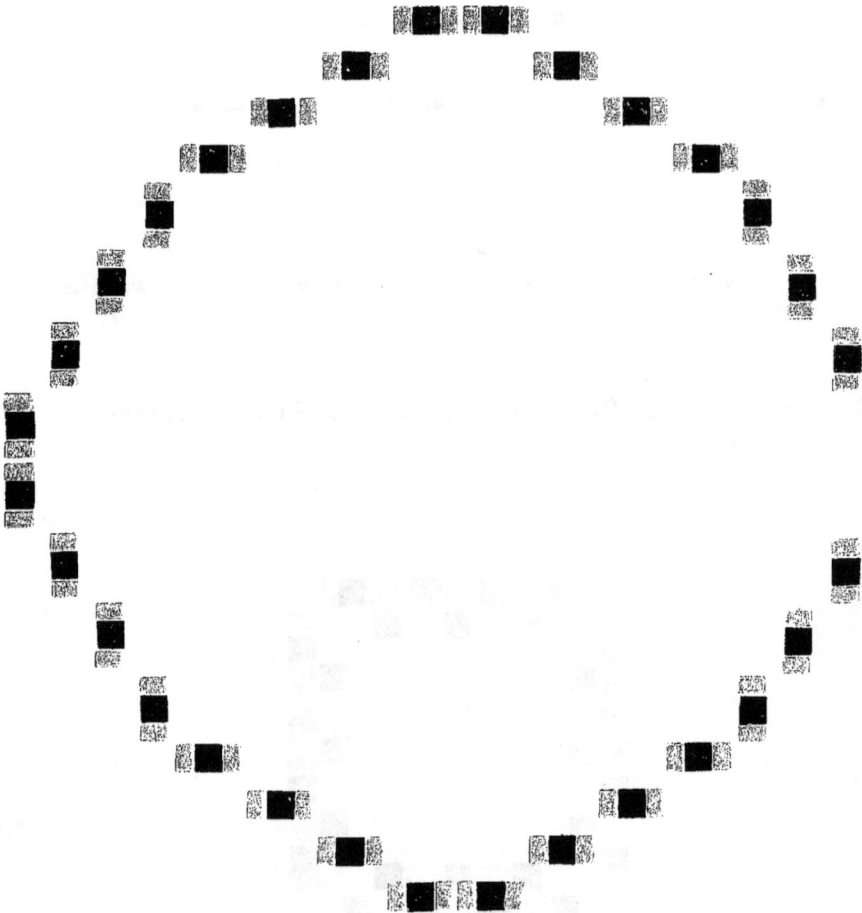

On peut auffi fi lon veut, mettre des troupes d'Infanterie en cet ordre un jour de rendez-vous. Cet Ordre eft le mefme que le precedent.

Cet Ordre eſt un Rendez-vous d'Armée ; il y a 12 Bataillons de Piquiers, de 72 Piquiers châcun ; ils ſe forment à 6 de hauteur & 12 de
front. Les Bataillons ayant 3 Piquiers d'eſpoiſſeur, ſont pour les 12 Bataillons 864 Piquiers.

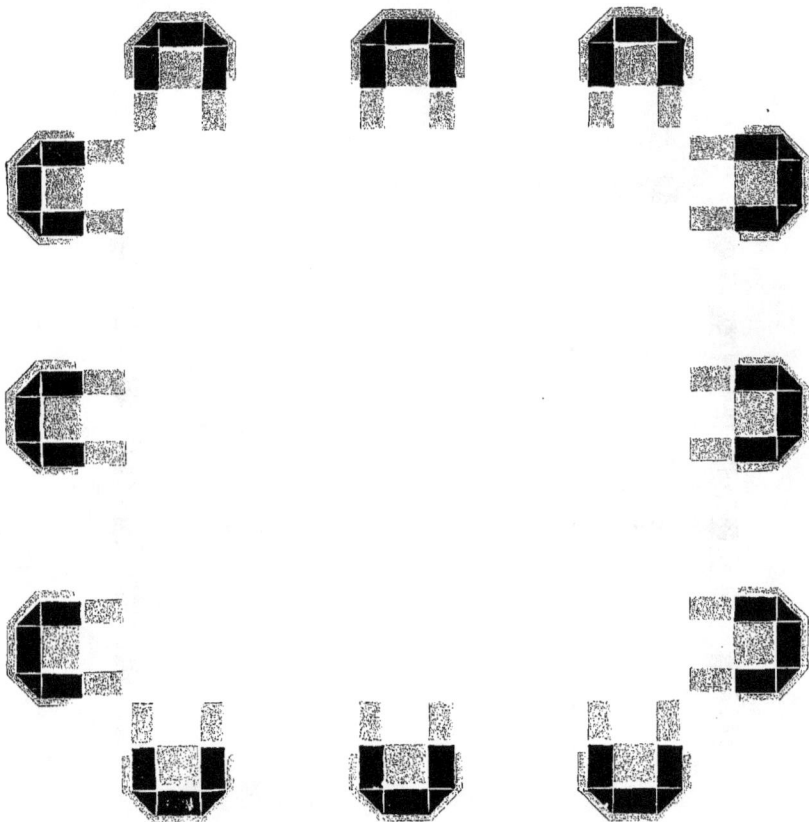

Il faut auſſi 864 Mouſquetaires pour les 12 Bataillons, qui ſont 72
pour châcun. Et pour une file tout au-tour de châque Bataillon, 28
Mouſquetaires, qui ſont pour les 12, 336 Mouſquetaires. En Piquiers &
Mouſquetaires, il y a 2064 hommes pour tout l'Ordre.

Il y a auſſi 12 Eſcadrons de Cavallerie dans le milieu. La figure faict
aſſez bien voir comme tout eſt diſpoſé.

Cet Ordre eft un Rendez-vous d'Armée de 12000 hommes de piéd, & 2000 Chevaux, qui font dans le centre à couvert de l'Infanterie. Les couleurs monftrent comme le tout eft difposé.

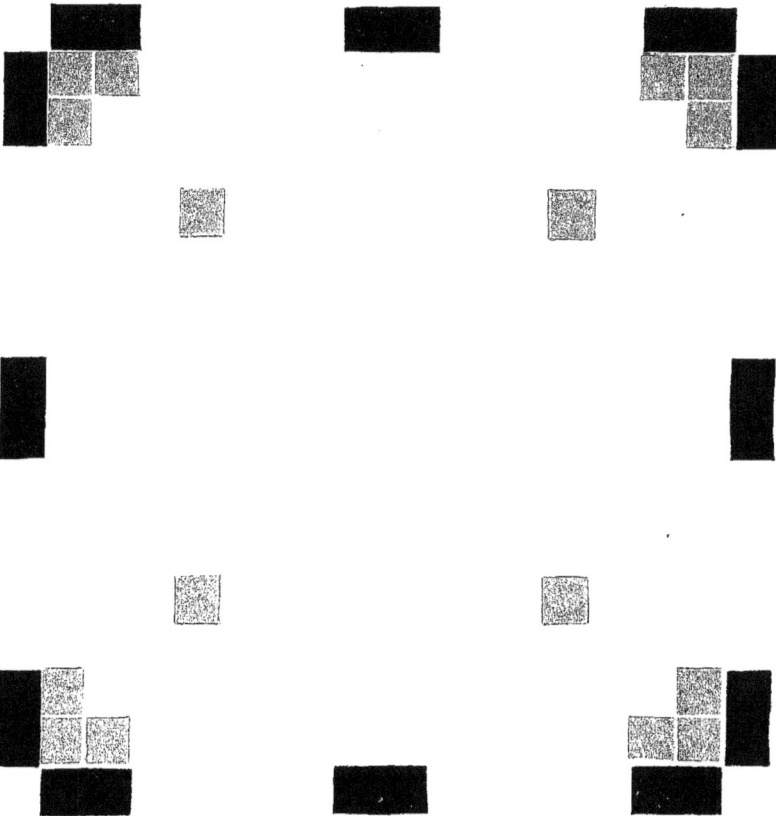

Cet Ordre compofé de 10 Bataillons d'Infanterie, & de 11 Efcadrons de Cavalerie eft communément appellé le Reze, ou la Pyramide, il eft facile à former faifant tout partir de fur une mefme ligne, commençant par le milieu qui doit eftre vn Efcadron.

Cet Ordre eft de 10 Efcadrons de Cavalerie, & de 11 Bataillons d'Infanterie, il fe forme comme le Reze, en cétuy-cy, toute la Cavalerie eft fur les aifles.

Cet Ordre eſt de 20 Bataillons d'Infanterie, & de 44 Eſcadrons de Cavalerie ; il eſt facile à former. Monſieur d'Arpajou , Mareſchal de Camp, l'a donné au Roy.

Ces 10 Bataillons d'Infanterie ſe mettent en ordre de bataille par 4 Bataillons, 2 à l'Avant-garde & 2 à l'Arriere-garde, au milieu de deux demy-croix ouvertes en front; avec 8 Eſcadrons de Cavalerie, ſçavoir 2 à châque aiſle, & 4 meſlez en Eſchiquier.

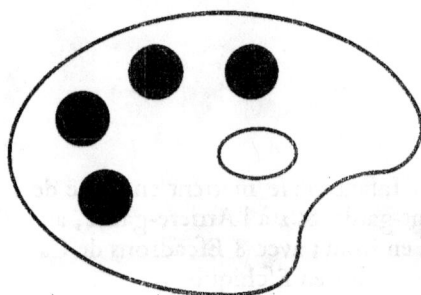

Original en couleur
NF Z 43-120-8

Cet Ordre eſt de 9600 hommes en 15 Bataillons d'Infanterie, à 8 de hauteur & 80 de front, qui font 640 hommes pour châque Bataillon, auec 1200 Maiſtres, en 12 Eſcadrons.

On met 18 Bataillons en ordre de bataille ſuivant cette figure, en formant 3 Sixains, par l'ordre du Sixain ; Il y a 8 Eſcadrons de Cavalerie, 4 à châque aiſle.

Cet Ordre

Cet Ordre de 12 Bataillons d'Infanterie & de 12 Escadrons de Cavalerie, se forme par un double Sixain d'Infanterie, dans le milieu ; avec une double demy-croix de Cavalerie sur châque aifle.

Seize Bataillons en Ordre de Bataille par quatre croix, avec 6 Escadrons de Cavalerie meslez parmy les Bataillons ; une demy-croix de 3 Escadrons sur châque aifle, & 4 en troupe de reserve.

GG

Cet Ordre eſt de 15 Bataillons d'Infanterie & de 10 Eſcadrons de Cavalerie; il ſe forme en faiſant un Cinquain d'Infanterie à main droicte,
puis un Cinquain de Cavalerie, encore un Cinquain d'infanterie, puis
un Cinquain de Cavalerie, & finalement un Cinquain d'Infanterie à la
main gauche.

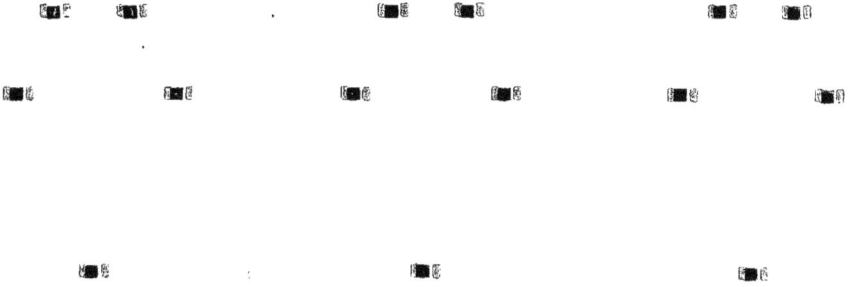

Cet Ordre eſt de 20 Bataillons d'Infanterie & de 10 Eſcadrons de Cavalerie; pour le ranger en bataille ſelon cette figure, il faut former un
Cinquain d'Eſcadrons ſur châque aiſle, & 4 Cinquains de Bataillons
dans le milieu, en obſervant l'Ordre du Cinquain.

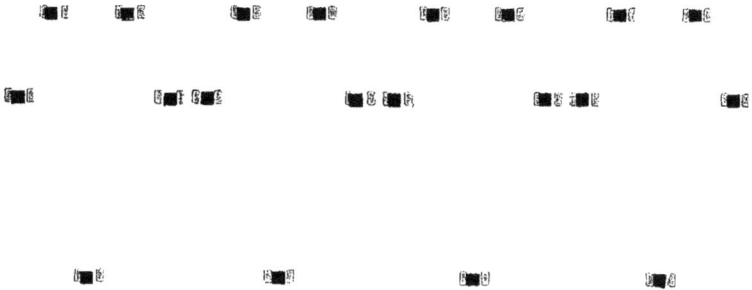

Cet Ordre eſt de 18 Bataillons d'Infanterie & 12 Eſcadrons de Cavalerie; pour le mettre en bataille ſelon cette figure il faut former un Sixain de Cavalerie ſur châque aiſle & 3 Sixains d'Infanterie dans le milieu.

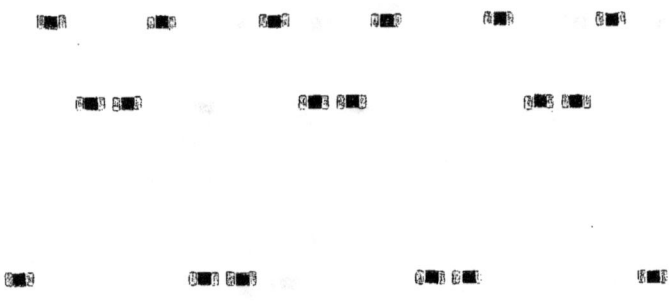

Cet Ordre de 15 Bataillons d'Infanterie & de 20 Eſcadrons de Cavalerie en deux corps, ſe forme, partant de ſur une meſme ligne, faiſant
marcher les 1,3,6,8,10,11,13 & 15 au premier Corps; & les 2,4,7,9,12 & 14,
au ſecond Corps. En les mettant tous ſur une meſme ligne il faut placer deux Eſcadrons entre le 5 & le 6 Bataillon, & deux autres entre le
11 & le 12; il faut 6 Eſcadrons à châque flanc; les 4 Eſcadrons qui ſont
à la queuë ſont troupes de reſerve.

Dix-neuf Bataillons fe mettent en ordre de bataille en 3 demy-croix qui fe forment des 1,2,5,6,14,15,18,& 19 Bataillons à l'Avant-garde , des 3,4,9,10,11,16 & 17 à la Bataille, & des 7,8,12 & 13 à l'Arriere-garde ; & 18 Efcadrons de Cavalerie en deux demy-croix triples, l'une à droiĉt & l'autre à gauche; avec 3 Efcadrons en troupe de referve.

Ordre de 9 Bataillons d'Infanterie en 3 brigades à la Suedoife ; & de 12 Efcadrons de Cavalerie qui ont châcun deux plotons de Moufque-taires, à 10 de front & 3 de hauteur châque ploton, qui font 720 Mouf-quetaires pour les 12 Efcadrons ; & 3 Efcadrons en troupe de referve.

Quinze Bataillons fe mettent en ordre de bataille, faifant marcher les 1,3,5,6,8,10,11, 13 & 15 à l'Avant-garde ; & les 2,4,7,9,12 & 14 à l'Arriere-garde, avec 6 Efcadrons de Cavalerie meflez parmy les Bataillons par 2 demy-croix ; & 10 Efcadrons de Cavalerie, 5 à droiĉt & 5 à gauche, qui ont châcun 2 plotons de Moufquetaires, à 3 de hauteur & 10 de front, qui font 600 Moufquetaires pour les 10 Efcadrons.

Ordre de 18 Bataillons à la Suedoife, en 6 brigades ; & 14 Efcadrons de Cavalerie, qui ont châcun 2 plotons de Moufquetaires, à 10 de front & 3 de hauteur châque ploton, qui font 840 Moufquetaires pour les 28 plotons ; & 6 Efcadrons en troupe de referve.

Dix-huict Bataillons en Ordre de bataille par deux croix, au milieu de deux Cinquains; & 18 Efcadrons de Cavalerie, 6 à droict & 6 à gauche fur les aifles, & 6 Efcadrons meflez.

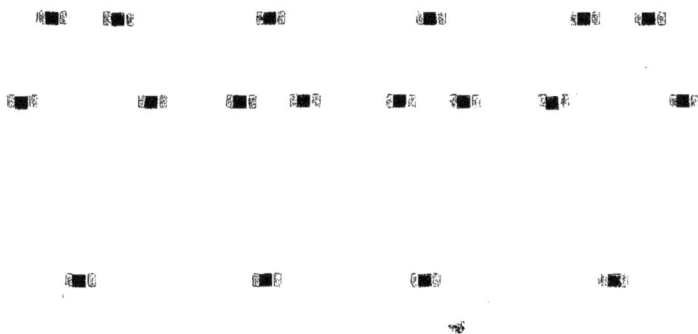

Cet Ordre eft de 15 Bataillons d'Infanterie & de 10 Efcadrons de Cavalerie; pour le mettre en bataille felon cette figure, il faut former un Cinquain de Cavalerie fur châque aifle, & 3 Cinquains d'Infanterie dans le milieu.

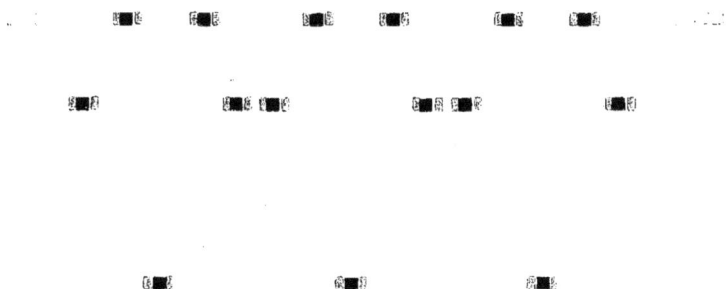

Cet Ordre est de 26 Bataillons , & 20 Escadrons; il se forme faisant marcher les 2, 3, 6, 7, 11, 12, 15, 16, 20, 21, 24 , & 25 Bataillons à l'Avant-garde; les 1, 8, 9, 10, 17, 18, 19, & 26 à la Bataille ; & les 4, 5, 13, 14, 22, & 23 à l'Arriere-garde. Il faut mettre 4 Escadrons entre le 8 & le 9 Bataillons, 2 à la Bataille, & 2 à l'Arriere-garde ; & 4 autres entre les 18 & 19, encore 2 à la Bataille, & 2 à l'Arriere-garde ; les 12 autres Escadrons forment une demy-croix sur les aisles. Les Mousquetaires sont détachez des Piquiers à fin de joindre la Cavalerie en cas de combat.

L'Armée du Roy commandée par Monsieur de la Meilleraye Grand Maistre de l'Artillerie de France, devant Landrecy, a esté rangée en bataille à diverses fois, selon les 6 Ordres suivans, A, B, C, D, E, F; elle estoit composée de 16 Escadrons de Cavalerie & 6 Bataillons d'Infanterie; & parce qu'aux Ordres B, C, il y a 7 Bataillons, celuy qui est en troupe de reserve est composé d'hommes commandez, tirez des autres.

A

Troupe de reserve.

Ce Bataillon est composé d'hommes commandez,

B

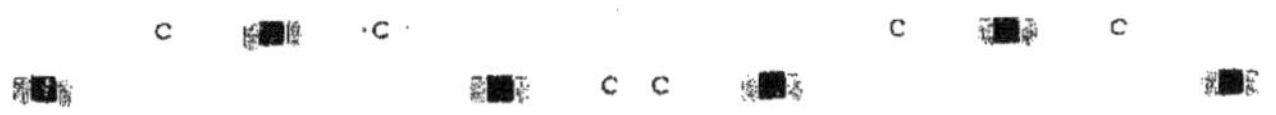

Troupe de referve.

Ce Bataillon eft compofé d'hommes commandez.

C

Troupe de referve.

Ce Bataillon eft compofé d'hommes commandez.

Cet Ordre D

Cet Ordre D, eſt celuy qui avoit eſté reſolu au Conſeil par Mondit Sieur le Grand Maiſtre, pour combattre, en cas qu'on euſt rencontré les Ennemis. Cette Armée marchoit d'ordinaire en trois colomnes, à ſçavoir la Cavalerie & l'Infanterie de l'aiſle droiƈte, en la ſorte qu'ils ſont rangez, à droiƈt; ceux de l'aiſle gauche, à gauche; & l'Artillerie, vivres & bagage, à la colomne du milieu.

D

E

HH

En ces 6 Ordres, il y en a 5, à fçavoir **A B C D F**,,où il doit avoir des canons : le lieu ou ils doivent eftre eft monftré par un **C**.

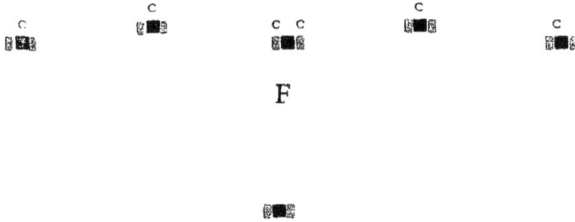

F

C'eft en cet Ordre que l'Armée du Roy, commandée par Monfieur le Cardinal de la Valette, fit la retraitte devant Vaudrevange, ayant toutes les Troupes de Galas en queuë; l'Armée de fa Majefté ayant paf-fé au quay **A**, excepté les Gend'armes & Chevaux legers de la garde, les Gend'armes de Luxembourg, le Regiment de Cavalerie de Ranfeau, deux Bataillons du Regiment des Gardes, & un des Gardes Suiffes, & fix Efcadrons de Cavalerie Suedoife qui font fur les aifles. Les petits quarrez rouges font les Moufquetaires des Gardes, qui avoient efté de-ftachez pour faire la retraitte; ils eftoient commandez par Meffieurs de Meflé Capitaine, De Pauliac & De la Chainaye, Lieutenans ; au trois-iefme cofté, qui eft l'aifle droiɔe, eftoient les Suiffes.

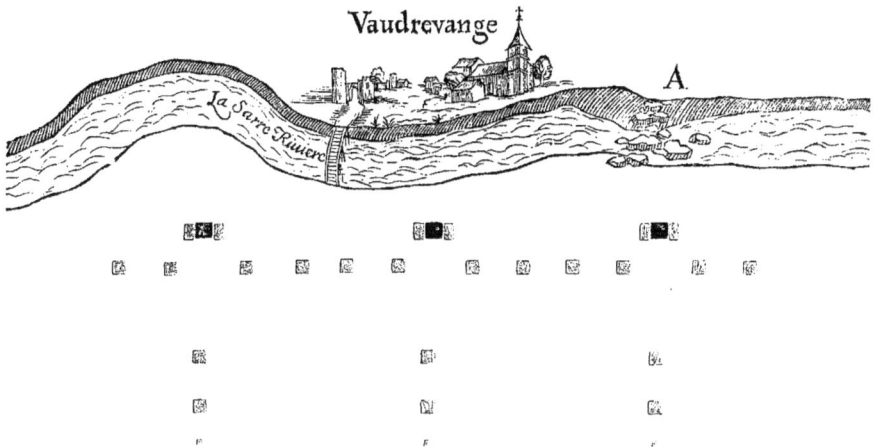

Vaudrevange

la Sarre Riuiere

A.

Cet Ordre eſt de 15 Bataillons d'Infanterie , & 30 Eſcadrons de Cavalerie , il ſe forme en faiſant un triple Cinquain de Cavalerie ſur chaque aiſle, & un triple Cinquain d'Infanterie dans le milieu .

Vingt-deux Bataillons ſe mettent en Ordre de bataille par un Cinquain double, au milieu de 12 Bataillons doubles, 6 à droiĉt & 6 à gauche, diſpoſez en forme d'Eſchiquier, avec 27 Eſcadrons de Cavalerie, 8 à droiĉt & 8 à gauche ſur les aiſles , 8 entre les Bataillons , & 3 de troupes de reſerve .

HH ij

Cet Ordre eſt de 15 Bataillons d'Infanterie, & de 30 Eſcadrons de Cavalerie, il ſe forme ſelon cette figure par un triple Cinquain de Cavalerie ſur châque aiſle, & un triple Cinquain d'Infanterie dans le milieu. Cet Ordre eſt tres beau, & tenu pour un des meilleurs du feu Prince
d'Auranges.

Vingt Bataillons en Ordre de bataille par 2 Cinquains doubles ; avec 15 Eſcadrons de Cavalerie, 3 au milieu des 2 Cinquains, & 5 à châque
flanc, & 2 plotons de Mouſquetaires à 3 de hauteur & 10 de front, qui ſont 600 pour les 10 Eſcadrons ; & 5 Eſcadrons en troupe de reſerve.

Cet Ordre est de 15 Bataillons d'Infanterie, de 35 Escadrons de Cavalerie, & de 24 pieces de canon à la teste de châque Bataillon, avec des plotons de Mousquetaires pour favoriser l'Artillerie. Les 3 Bataillons & les 10 Escadrons qui sont à la queuë sont troupes de reserve. Il est facile de ranger une Armée en cet Ordre, qui a esté tres approuvé du Duc de Veymar, lequel s'en servoit d'ordinaire.

Ordre de bataille de 12500 hommes de pied & 2000 chevaux, en 3 croix fermées, de 18 Bataillons d'Infanterie, & deux Bataillons en troupe de reserve ; avec 6 regimens de Cavalerie, composez de 20 compagnies ; les 10 regimens d'Infanterie font 10 Bataillons, châcun composé de 650 hommes; & les 10 autres de 600 hommes. On donne 3 pieds en quarré à châque Soldat; 3 pieds de front & 18 pieds de hauteur à châque Gend'arme. Ce mesme Ordre se peut faire les Mousquetaires estant derriere les Piquiers, comme aux deux Ordres suivans.

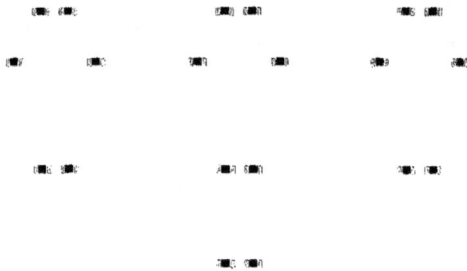

HH iij

Dix-huiĉt mille hommes de pied & 2400 chevaux, en Ordre de Bataille par trois croix triples au front & à la queuë, & un Bataillon ec deux Regimens de Cavalerie en troupe avancée, & un Regiment en troupe de referve. Il y a 25 Bataillons de 750 hommes châcun, 21 Compagnies de Cavalerie de 90 hommes, & 6 autres de 85 hommes châcune. En cet Ordre les Piquiers marchent devant les Mouf-ĺetaires, mais ĺi lon veut on les joindra comme aux Ordres precedens.

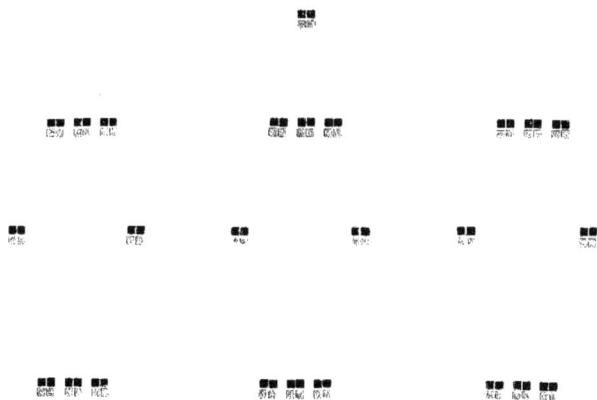

L'Armée eĺt diĺtribuée à la main gauche.

Avant-garde.

Bataille.

Arriere-garde.

Cet Ordre de 22 Bataillons d'Infanterie & 29 Efcadrons de Cavalerie a efté faict par le feu Roy de Suede, qui l'a jugé tres bon pour un jour de combat, ayant fon bagage en feureté, fon Armée eftant rangée en bataille felon cette figure. Tous les petits quarrez rouges qui font aux flancs des Efcadrons font plotons de Moufquetaires, qui doivent fuivre les Efcadrons allant au combat. Et pour les petits corps avancez, tant d'Infanterie que de Cavalerie, avec les 16 pieces de canon, ce font les Coureurs & Enfans perdus. Lon peut camper en cette forte, ayant les Ennemis en tefte.

On peut faire marcher une Armée en cette forte, y ayant des Bois,
ou autres lieux avantageux, à la main droiĉte, & une plaine à la gauche où la Cavalerie peut combattre , & l'Infanterie fe fervir de l'avantage des lieux.

Artillerie,   Vivres,   &   Bagage.

Ordre

Ordre de bataille de 22000 hommes de pied & 3500 chevaux , en trente-un Bataillons , & 13 Regimens de Cavalerie ; avec 10 hommes de
d de plus , châque Bataillon aura 710 hommes ; & fi on adjoufte pareillement 10 Gen-d'armes châque Compagnie fera de 90 hommes .
En cet Ordre , auffi bien qu'au precedent , les Piquiers font deftachez & marchent devant les Moufquetaires ; l'Infanterie forme trois croix
nécs .

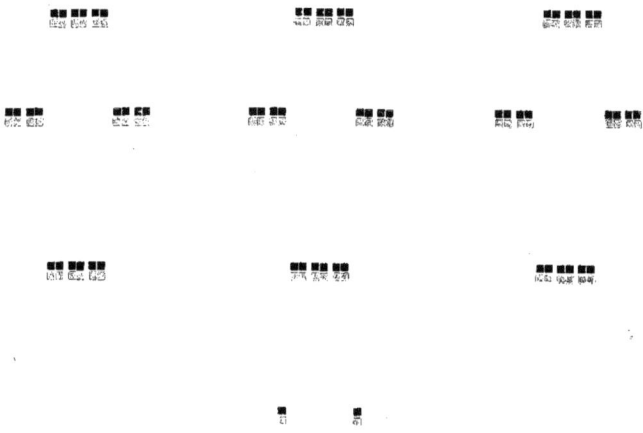

L'Armée eft diftribuée à la main gauche.

Avant-garde.

Bataille.

Arriere-garde.

II

En pays ferré lon peut faire marcher une Armée en cette forte, & foudain qu'on trouve de l'efpace la ranger en bataille. L'Armée du Roy, commandée par Monfieur le Cardinal de la Valette, a faict le voyage d'Allemagne marchant en cet Ordre. Les petits quarrez rouges font plotons de Moufquetaires deftachez.

Canons. ▮ Canons. ▮ Bagage. ▮ Bagage. ▮ Bagage. ▮ Canons. ▮▮▮▮▮ Canons.

Cette Marche eft encore bonne en pays ferré ; la difpofition des trois Corps, Avant-garde, Bataille, & Arriere-garde, eft toute faicte, & l'Ordre eft facile à former.

▮▮▮ Canons & Bagage. ▮▮▮▮▮▮ ▮▮▮▮▮

Arriere-garde. Bataille. Avant-garde. Coureu

Ordre de 31000 hommes de pied, & 5000 Chevaux, formant trois croix triples par tout , en 36 Bataillons d'Infanterie & 18 Regimens de ...aleric ; châque Bataillon est composé de 860 hommes, & 28 compagnies de Cavalerie auront 95 hommes châcune , & les autres 26 com-...ies auront 90 hommes châcune . Le mesme Ordre se peut faire en destachant les Piquiers , & les faisant marcher devant les Mousque-...es , comme aux deux Ordres precedents .

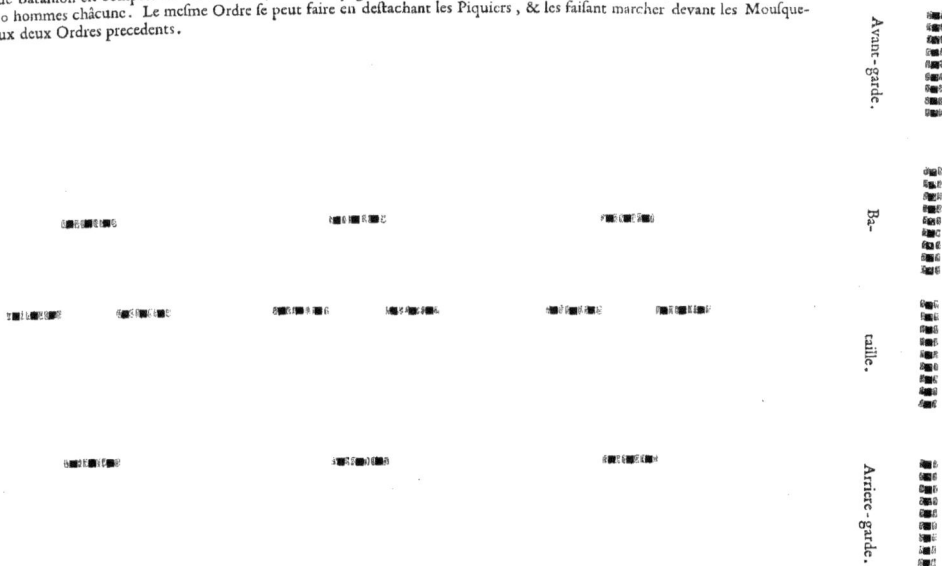

Avant-garde.

Ba-

taille.

Arriere-garde.

L'Armée est distribuée à la main gauche.

Cet Ordre de bataille eſt compoſé de trois mille Chevaux, en trente Eſcadrons.

Cet autre Ordre eſt compoſé de trois mille cinq cens Chevaux, en trente cinq Eſcadrons. Il n'y a point d'Infanterie en ces deux Ordres.

Cet Ordre est de 21000 hommes de pied en 21 Bataillons , & 2600 Chevaux en 26 Escadrons. Si le pays où marche l'Armée est serré, on
pourra faire marcher comme la figure A ; & s'il est ouvert , on la fera marcher comme monstre la figure B. Il est facile de la ranger en
bataille selon cet Ordre. Les petits quarrez rouges sont plotons de Mousquetaires.

A

Canons

Canons

Canons

Canons

Canons

Bagage

B

Cet Ordre de bataille eſt compoſé de 10200 Chevaux & 30000 hommes de pied, en quoy conſiſtoit l'Armée du Roy commandée par Monſieur le Duc d'Orleans, lors que la jonction s'en fit à Gournay, pour aller en Picardie. Et d'autant que la Picardie eſt un pays plat & deſcouvert, il eſtoit facile de faire marcher toutes les Troupes, canons & bagage, ſelon la figure L ; de laquelle on peut former aiſément la figure M . Il y a 1800 Chevaux en troupes d'avance, leſquels doivent avoir ordre d'envoyer une lieuë devant eux, une lieuë à droict & autant à gauche, des Batteurs d'eſtrade , à fin qu'il ne ſe paſſe rien dans la campagne ſans que le General en ſoit averty, & qu'il prenne les avantages qu'il jugera à propos .

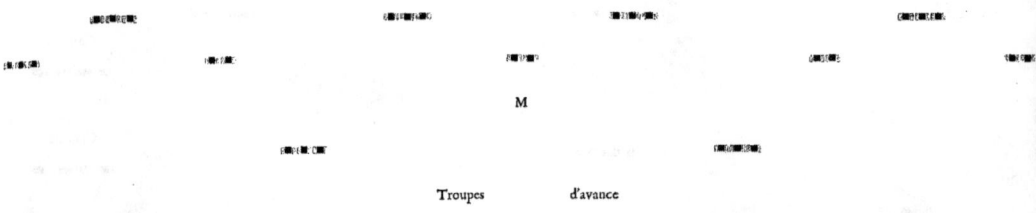

M

Troupes   d'avance

L'Armée marche en 7 colomnes, avec 42 canons, qu'on peut placer ainſi , 2 à la teſte de châque Bataillon de l'Avant-garde ; & 1 à châcun de ceux de la Bataille & de l'Arriere-garde . On faict marcher les canons à la teſte de châque Bataillon ſelon qu'ils doivent eſtre placez, l'Ordre de bataille eſtant formé.

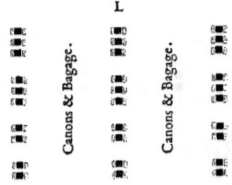

L

Canons & Bagage.   Canons & Bagage.

CONSIDERATIONS

NECESSAIRES AV PRINCE
Souverain, ou à la Republique, avant que de commencer la guerre.

AVANT que d'entreprendre la guerre, le Souverain doit considerer si le sujet qu'il en a est juste, à fin que Dieu benisse ses armes, & que le Saint Esprit preside à son Conseil, qu'il establira de personnes dont la fidelité & l'experience luy soient connuës. Sur toutes choses lors qu'il voudra deliberer dans son Conseil des matieres concernant la guerre, il y appellera des personnes experimentées en cet Art, qui sans doute luy donneront plus de lumiere dans son dessein que ceux qui n'ont pas esté nourris dans le mestier, où les plus anciens & experimentez Capitaines se trouvent souvent novices, & y apprennent des choses qu'ils n'avoient jamais remarquées.

Ayant de la sorte estably son Conseil, il sera necessaire qu'il establisse encore un Conseil de Finances, qui travaille sans cesse à trouver de l'argent pour fournir aux excessives despenses que la guerre apporte, & qu'apres s'en estre suffisamment pourveu, il cherche continuellement les moyens d'en faire vn si grand amas dans son Espargne, qu'il n'en puisse jamais avoir faute, estant asseuré que soudain qu'il luy defaudra, ses affaires iront en decadence, ses armées se dissipant par faute de paye; les intelligences qu'il aura aupres des Princes estrangers demeureront sans effet, & il ne luy restera plus que le desplaisir de s'estre engagé mal à propos dans son entreprise. Enfin l'argent est le nerf de la guerre, & il faut estre tres-mauvais Politique pour s'y embarquer sans en estre suffisamment pourveu : Il est aussi tres-necessaire que long-temps avant la declarer il remplisse ses troupes tant d'Infanterie que de Cavalerie, de bons Capitaines & Officiers, qu'il leur ordonne

KK.

d'exercer continuellement les Soldats qui font fous leurs charges pour deux principales raifons; la premiere eft, qu'eftant adroits & libres, ils en font beaucoup plus hardis; & l'autre, pour empefcher l'oifiveté, d'où s'engendre d'ordinaire les vices, la moleffe & la lafcheté. Il fe doit auffi exactement faire rendre compte par le Chef & perfonnes à ce commifes de la façon de vivre des gens de guerre, des excés qu'ils commettent fur fon peuple, & obferver une grande feverité à faire punir les méchans, ne leur faifant jamais tort ny grace, & enjoindre à tous fes Officiers de faire exactement obferver les Ordonnances militaires fans relâche, & fans nulle diftinction des perfonnes; faire exemplairement châtier ceux qui y contreviendront: Car cette difcipline eftant exactement obfervée ce fera le vray moyen de rendre fes armées invincibles.

Ayant pourveu par femblables moyens à ce qui regarde les gens de guerre, il fera befoin qu'il face faire de grands magazins en divers lieux, particulierement fur les frontieres de fon Eftat, dans fes meilleures places, & qu'il les face remplir de toutes fortes de munitions, tant de guerre que de bouche, à fin que fes armées n'en puiffent avoir faute, comme auffi de faire fournir les Arfenaux d'artillerie, & de toutes fortes d'outils neceffaires à icelles.

Tous les grands Politiques ont crû que le Souverain ne doit faire nul fcrupule d'avoir des intelligences fecretes, mefme de corrompre à force de prefens la fidelité de ceux dont le Confeil de leurs voifins eft compofé, & de gaigner par la mefme voye les Gouverneurs de leurs Provinces, & de leurs places frontieres, tant pour eftre advertis des deffeins qui pourroient eftre faits contr'eux, que pour s'en fervir à d'autres occafions qui leur peuvent eftre tres-importantes. Il n'y a point de doubte qu'un Prince ne puiffe tirer de grands avantages de l'obfervation de ces maximes, particulierement s'il veut faire la guerre, mais qu'il ne luy foit plus glorieux de ne fe fervir que des moyens juftes de fes legitimes forces, & de faire feulement agir la vertu? j'en fay juge le Lecteur: Toutesfois en matiere d'Eftat, la plufpart tiennent que celuy qui furmonte fon ennemy, foit par force ou par adreffe, a la raifon de fon cofté, & qu'il n'y a rien de plus juftement acquis que les terres dont ils fe rendent les maiftres par les voyes fufdites.

Soit que le Souverain entreprenne la guerre injuftement ou avec juftice, il faut qu'il tâche par tous moyens d'en rejetter la caufe fur fon ennemy, pour obliger tous fes voifins de prendre fon party, ou du moins de ne luy eftre point contraires; & mefme de le rendre odieux à fes peuples. Que fi parmy fes voifins il y en a qui luy foient fufpects, il ne luy fera pas inutile pour les empefcher de donner fecours à fon ennemy, de faire par fes intelligences qu'il s'embarque à quelque guerre, foit eftrangere ou domeftique : Comme auffi il luy fera tres-vtile de s'affeurer par fes Ambaffadeurs ou Agens, du plus de gens de guerre qu'il pourra faire lever dans les pays eftrangers, à fin que lors qu'il voudra commencer la guerre fes armées en foient d'autant plus fortes, & celles de fon ennemy plus foibles, qui fe ferviroit fans doubte des mefmes moyens pour les groffir s'il n'eftoit prevenu. Sur toutes chofes, ceux qui negocieront fes levées de gens de guerre doivent s'affeurer des Chefs qui feront en reputation, & qui auront grande creance dans leur pays : Par ce moyen ils feront facilement leurs levées, & s'il arrivoit que leurs trouppes fuffent ruïnées, il leur fera plus aifé d'en remettre fur pied de nouvelles.

Avant que commencer la guerre le Souverain doit avoir fait plufieurs fois reflexion fur les divers evenemens, à fin que s'il arrive échec à fes armées, il ait les moyens neceffaires tous prefts pour en remettre d'autres en leur place, ne fe confiant jamais tant en fes forces ny en fon bon-heur, qu'il ne confidere que le fort des armes eft douteux, & que le mal eftant arrivé il eft fouvent trop tard pour fe preparer à chercher le remede. En tout evenement il doit avoir fait munir & fortifier fes frontieres de forte que fon ennemy apprehende de les attaquer, ou que les ayant forcées il trouve de fi bonnes garnifons dans toutes les places fortes qu'elles luy puiffent refifter un long-temps, empefcher fa retraitte s'il entroit avant dans le pays, & par ce moyen faire perir des armées à qui la force des fiennes n'avoit peu refifter. Que fi les moyens de remettre promptement des armées fur pied luy detaillent, ou qu'autrement il fe trouve furpris, il ne luy fera pas inutile de fe fervir du mefme moyen dont fe fervit un Conneftable de France de la Maifon de Montmorency contre Charles le Quint, qui eftant entré en Provence avec une armée qui ne fe promettoit pas moins que la conquefte de cette Province, & en fuite de toute, ou de la meilleure partie de la France, lors que le Conneftable l'ayant confeillé au Roy, par fon ordre alla d'un cofté, & envoya Monfieur de Briffac, depuis Marefchal de France, qui a rendu fon nom fi fameux dans l'Italie, avec quelque cavalerie au devant des ennemis, avec ordre de fe retirer fans combattre, & en fe retirant brufler tous les bourgs & villages qui ne pourroient pas faire tefte à l'ennemy, & ruïner tous les grains & fourrages qui eftoient fur la terre. Ce qui reüffit de forte que cette armée formidable fut en moins de rien déperie, & Charles le Quint reduit à laiffer cette haute entreprife, qui fut par ce moyen reduite en fumée.

S'il eſt poſſible au Souverain il portera toûjours la guerre dans le pays de ſon ennemy, & s'oppoſera de toute ſa puiſſance qu'elle ne ſe face dans le ſien. Par ce moyen ſes peuples ſeront déchargez non ſeulement des maux qu'ils ſouffrent par l'ennemy, mais meſme de ceux qui luy ſont cauſez par ſes troupes meſmes; & ſes ennemis au contraire en ſouffriront tous les dommages. Cela donnera plus de moyen à ſes ſujets de fournir aux deſpenſes exceſſives qu'apporte la guerre, & luy donnera une merveilleuſe reputation par tout. Que s'il a à faire la guerre contre un puiſſant ennemy, il doit faire tous ſes efforts pour taſcher de mettre de la diviſion dans ſon Eſtat avant que luy declarer, à fin que le trouvant en trouble, il le mette plus facilement à la raiſon; & l'ayant attaqué, ſi le bon-heur luy en dit, ne luy laiſſer pas un moment de relâche qu'il ne l'ait reduit à ſon poinct. Que ſi au contraire il eſt attaqué, il doit animer ſon peuple le plus qu'il luy ſera poſſible contre ſon ennemy, & tirer la guerre en longueur par tous les empeſchemens poſſibles, meſme par des ſemblans de vouloir traitter de paix: Ces retardemens luy donneront le temps de ſe fortifier, d'attendre du ſecours de ſes Alliez, & laiſſeront paſſer la premiere furie des ennemis, qui n'eſt pas un petit avantage. Il y a beaucoup d'autres conſiderations qu'un Souverain doit avoir avant que de commencer la guerre, que je ne diray point n'eſtant pas de mon ſujet, & me contenteray ſeulement d'adjoûter icy celle qu'il doit avoir pour le choix de ſes Generaux, à fin qu'ayant donné des Chefs à ſes armées, il ne luy reſte plus qu'à declarer la guerre, & les faire marcher contre ſon ennemy.

Ce choix eſt de telle importance, que je voudrois que le Souverain aſſemblaſt pluſieurs fois ſon Conſeil pour aviſer à le faire bon, qu'il conſideraſt qu'il leur donne une grande partie de ſon authorité, qu'il met entre leurs mains non ſeulement ſa reputation, mais la conſervation ou la ruïne de ſes Eſtats, & des peuples que Dieu luy a donné à regir, & dont il luy doit rendre compte. Pour cet effet il doit choiſir ' des perſonnes qu'il connoiſſe eſtre vertueuſes, dont la fidelité luy ſoit tres-aſſeurée, qui ſçachent parfaitement l'Art de la guerre, qui en ayent fait jeunes la profeſſion, à fin que dedans la vigueur de leur âge ils en ayent acquis l'experience & la reputation neceſſaires à une ſi importante charge. La naiſſance ne leur eſt pas moins neceſſaire, particulierement en France, où l'humeur altiere de cette Nation leur fait ſupporter avec peine l'authorité de leur egal, ou de leur inferieur en naiſſance, & leur donne la liberté de murmurer, de ſe plaindre continuellement, de ſe deſplaire dans le ſervice, obeyr à regret à leur Superieur;

perieur; & bref pour cet intereſt particulier ne ſe plus ſoucier de faire leur devoir, d'où procede de grands maux au Souverain. Il feroit donc à deſirer que les Generaux euſſent la naiſſance correſpondante à la dignité de leurs charges, que cette naiſſance fuſt accompagnée de la valeur, & de la prudence, s'il ſe peut de la bonne mine & de la liberalité; & ſur toutes choſes qu'ils ſoient des-intereſſez en ſorte qu'ils ne faſſent tort aux gens de guerre ny concuſſion ſur les peuples : Vice ſi ſale & ſi dangereux qu'il cauſe ſouvent la perte des armées, & ruïne tous les deſſeins de leurs Maiſtres. Que ſi la naiſſance ne ſe rencontre pas tous les jours en la perſonne du General, je voudrois du moins qu'il euſt vieilly dans le meſtier, qu'il fuſt tres-vaillant & grand Capitaine, & que par beaucoup d'illuſtres actions il ſe fuſt rendu digne des avantages qui ſans ſon grand merite ne luy devroient pas eſtre deferez.

Le choix des Generaux eſtant fait, il ſeroit à deſirer que le pouvoir qui leur eſt donné fuſt vn peu abſolu en certaines choſes où quelquesfois il eſt trop limité, & que la liberté d'agir ſelon les occaſions fuſt laiſſée à leur prudence, eſtant tres-mal-aiſé qu'il ne ſe perde des occaſions de faire de belles actions, & rendre de ſignalez ſervices, lors qu'il faut, au lieu de les executer, envoyer à la Cour ſçavoir ſi on aura agreable qu'elles s'executent : cependant qu'en attendant les ordres les choſes changent, & ne ſe peuvent plus entreprendre lors qu'ils ſont arrivez : Par exemple, lors que le General ſera party de la Cour, il aura des inſtructions pour tout ce qu'il devra faire durant la campagne, ſoit de combatre, d'attaquer une place, de forcer un paſſage, de taſcher d'affamer l'armée de l'ennemy, & telles ſemblables choſes que les avis que l'on aura receus à la Cour donnent eſperance de pouvoir reüſſir ; le General arrivant aux lieux qu'il doit attaquer trouve les ennemis tout autrement diſpoſez que l'on n'avoit crû, & les avis qu'on a receus à la Cour ſe trouvent faux, ou la prevoyance des ennemis a rendu cette entrepriſe impoſſible ; il faut renvoyer à la Cour, où quelques-fois on croira que le General cherche des difficultez où il n'y en a point : d'autres fois que la crainte du peril, ou autres conſiderations l'empeſchent d'entreprendre ce qui luy eſt ordonné, on luy renvoye de nouveaux ordres où il trouve encore plus de difficulté, il fait une nouvelle depeſche : par ainſi le temps ſe coule & la campagne preſque toute en allées & venuës, ſans que l'armée qui demeure cependant inutile, faſſe rien de conſiderable ; au lieu que ſi le General avoit pouvoir de changer les deſſeins où il trouveroit de ſi grandes difficultez, en d'autres plus faciles, il emporteroit de grands avantages ſur ſon ennemy ; & les Generaux conſiderant leur pouvoir entreprendroient hardiment des actions

glorieufes, employeroient tous leurs foins, leur experience & leur valeur pour les faire reüffir, tant pour leur propre gloire que de crainte
d'eftre blafmez d'avoir mal entrepris ce qu'ils auroient auffi mal exe-
cuté; au lieu que fe voyant les mains liées cela les rend chagrins, ils
n'agiffent plus avec leur vigueur ordinaire, & font quelquesfois bien
aifes que rien ne reüffiffe à bien, croyant par là fe vanger des ennemis
qu'ils peuvent avoir dans le Confeil. Ce n'eft pas que je ne croye qu'il
leur faut donner des inftructions avec ordre de les executer s'il fe peut,
mais en cas d'impoffibilité, il faut fe refouvenir que la guerre fe doit
faire à l'œil; & c'eft la principale raifon pourquoy il faut exactement
prendre garde au chois des Generaux. Il eft bon de remarquer auffi
que la pluralité dans une mefme armée eft tres-dangereufe pour le fervice du Souverain, n'y ayant nul doubte que plufieurs perfonnes efga-
les en pouvoir ne peuvent compatir dans mefme meftier. Le Souverain
peut donc faire un fondement affeuré que le Siecle eft fi corrompu que
foudain qu'il aura mis dans une mefme armée diverfes perfonnes égales en pouvoir, ils n'ont prefque plus de penfée pour le bien de fon fervice, ne fongeant plus qu'à ruïner leur compagnon de reputation, em-
porter tous les avantages fur luy, & le rendre la honte & l'opprobre
de tout le monde. Ce n'eft pas qu'il ne s'en rencontre avec de meilleurs fentimens, & qui poffedant le vray honneur, n'ayent tousjours
pour but principal le fervice de leur Maiftre: mais les exemples de ceux
cy font tres-rares, au lieu que nous en voyons mille, mefme entre les
meilleurs amis & les freres ne s'eftre jamais pû accommoder enfemble,
& fouvent toutes leurs divifions tourner au dommage de leurs Maiftres,
mefme fur ce fujet je puis jurer avoir veu diverfes fois faire des chofes
honteufes à ceux qui les faifoient, fans nulle raifon que l'envie contre
leurs compagnons; des Capitaines eftant commandez pour aller à une
action d'honneur, leurs compagnons choifir, pour contenter leur paffion, le rebut & les plus mal armez de leurs foldats pour leur bailler,
oubliant en cela ce qu'ils doivent au fervice de leur Maiftre, & l'honneur de leur corps, qui eft le leur propre. Par ainfi il feroit à defirer
que le pouvoir de General ne fuft donné qu'à un feul dans une mefme
armée, luy donner trois ou quatre bons Marefchaux de Camp au plus,
accompagnez des vertus que nous avons defirées au General, du moins
de la valeur & de l'experience; un Marefchal de Bataille experimen-
té dans cette charge; quantité d'Aydes de Camp intelligens dans le
meftier, & qui fe fuffent rendus recommandables par leurs belles actions; une perfonne habile dans l'Artillerie pour la commander; un
Intendant de la Iuftice bon Iufticier, grand œconome, & fur tout des-

intereſſé & fidele ; de vieux & experimentez Capitaines d’Infanterie
pour Majors de brigade, & deux experimentez & vaillans Mareſchaux
des logis generaux de la Cavalerie. Le Mareſchal des logis general de
l’armée doit auſſi eſtre bien choiſi, ſa charge eſtant tres-conſiderable. Ie
ne dis rien des charges des Generaux de l’Infanterie & de la Cavalerie,
qui ſont de telle importance qu’il ne faut pas eſtre moins exacts en leur
choix qu’à celuy du General de l’armée. Il y a pluſieurs autres charges
où il eſt neceſſaire de faire un bon choix de ceux qui les doivent exercer : mais comme elles ſont moins importantes, le Souverain ſe peut repoſer de leur choix ſur ceux ſous les commandemens de qui ils doivent
agir : Et le Souverain ayant mis un tel ordre peut declarer la guerre, &
en eſperer un heureux evenement.

ABREGE' DES DEVOIRS OV FVNCTIONS DES
charges de Generaux d’Armées, Mareſchaux de Batailles, & autres principales charges d’icelles.

LEs Generaux d’armées ſçachant le commandement qui leur eſt donné, & les Officiers qui doivent ſervir ſous eux, la premiere choſe
qu’ils doivent faire eſt de les aſſembler, à fin d’aviſer avec eux aux choſes
qui leur ſont neceſſaires, & en faire un eſtat pour le faire voir au Souverain ou à la Republique, le leur faire ſigner, & les ſupplier d’ordonner à ceux qui en ont la charge que toutes les choſes portées par leur
eſtat leur ſoient fournies de bonne heure, à fin que cela n’apporte point
de retardement à leur ſervice. Ils demanderont une liſte des troupes qui
doivent ſervir ſous eux, & l’ayant ils feront venir tous les Majors, ou
quelqu’autre Officier de tous les corps, tant de l’Infanterie que de la
Cavalerie, deſquels ils ſçauront exactement l’eſtat & force de leurs Regimens, & en feront leur rapport au Souverain ; aux principaux Mini-
ſtres du Conſeil ; ou au Secretaire d’Eſtat qui a ſoin des affaires de la
guerre ; à fin que s’il y a de la manque on y puiſſe pourvoir à temps ;
en ſuite de quoy ils ordonneront à toutes leurs troupes de ſe tenir en
eſtat pour marcher au premier ordre, & de s’exercer cependant, pour
empeſcher l’oiſiveté des Soldats, & les rendre plus adroicts & plus ro-
buſtes. Il eſt du devoir du General de ſçavoir ſi les troupes deſtinées à
ſervir ſous luy ſont payées dans leurs garniſons, & leur aider à ſoliciter
les payemens, comme auſſi de s’informer exactement s’il ne ſe fait point
de friponnerie, ſoit par les Officiers qui commandent les troupes, ou par
ceux qui ont la charge de faire les payemens des Soldats : Et le General qui prendra ce ſoin doit eſtre aſſeuré que ſes troupes en ſeront plus

fortes, & que les gens de guerre reconnoiſſant la peine qu'il prend pour
eux auront plus d'affection pour luy, & en ſerviront beaucoup mieux.
En ſuite de ce ſoin il doit prendre celuy de voir ſi tout ce qui luy doit
eſtre fourny d'argent, de vivres, d'artillerie, & de tout ce qui en deſpend, eſt en eſtat, en communiquer pour cet effet avec le Grand-Mai-
ſtre, le prier ſur toutes choſes de luy donner de bons Officiers, & faire
que celuy qu'il luy donnera pour commander l'artillerie dans ſon armée, ſe rende reſponſable envers luy de toutes les choſes qui luy auront
eſté accordées; & pour plus de ſeureté il luy en demandera un eſtat ſi-
gné, ne pouvant avoir trop de precaution pour ce qui deſpend de l'artillerie, eſtant certain que preſque toutes les entrepriſes qu'il peut faire
ne ſçauroient reüſſir ſans le ſecours qu'il doit tirer de ce corps.

Les vivres & l'argent luy ſont auſſi de telle conſequence qu'il luy eſt
impoſſible de faire ſubſiſter l'armée ſans l'un & l'autre de ces moyens;
& c'eſt pourquoy il ſe fera rendre un compte exact par le Munitionnaire ou General des vivres du lieu où ſont ſes magazins de bleds & de
farines, de combien de chevaux il a, & la quantité de pain qu'ils peuvent porter, pouvant par là juger de partie des choſes qu'il pourra entreprendre. Il doit en ſuite voir ceux qui ont la direction des finances
pour ſçavoir le fonds qui ſera mis entre les mains de celuy qui exerce
la charge d'Intendant en l'armée qu'il va commander, pour les frais
qu'il ſera neceſſaire de faire. Et lors que le fonds aura eſté delivré audit
Intendant, le General tirera vn eſcrit de luy, par lequel il ſe rendra ga-
rant des ſommes qui luy auront eſté miſes és mains, ou des Treſoriers
qui ſont ſous ſa charge: Comme auſſi il le rendra reſponſable des vivres, conjointement avec le Munitionnaire, ſur qui il a toute juriſ-
diction.

En ſuite de ces ſoins, le premier que le General doit avoir eſt celuy
de demander un fonds pour eſtablir un hoſpital à la ſuite de l'armée;
& c'eſt encore une des choſes qui luy acquierront d'autant plus l'a-
mour des gens de guerre, qui par ce moyen ſe trouveront ſoulagez des
maux & des bleſſures à quoy ils ſont expoſez: ce qui n'augmentera pas
peu leur affection à ſon ſervice. Le General doit meſme faire en ſorte
d'emmener de bons Chirurgiens & en nombre, un ou deux bons Me-
decins du moins, & des Apotéquaires ſuffiſamment, pour avoir ſoin des
bleſſez & des malades; & de bons Religieux pour leur adminiſtrer les
Sacremens; & enfin tout ce qui ſera neceſſaire pour le ſervice dudit
hoſpital: Et pour faire obſerver la Iuſtice un Prevoſt general de ladite
armée, accompagné d'un nombre ſuffiſant d'Archers. Son ſoin doit
meſme s'eſtendre juſqu'à ſçavoir s'il y a des vivandiers qui ſuivent, &
d'ordonner

d'ordonner à l'Intendant de la Iuftice, & au Prevoſt general d'en amener le plus qu'ils pourront, les gens de guerre tirant fouvent grand fecours de ces perfonnes-là.

Le General eſtant plainement inftruiĉt de toutes ces chofes aura l'efprit en repos, & pourra attendre le temps de fon partement fans inquie-
tude. Ayant receu les ordres de partir, & les commandemens de fon
Maiſtre, la premiere penſée qu'il doit avoir eſt de tenir fon deſſein ca-
ché en forte que l'ennemy ne le puiffe connoiſtre, le laiffant tousjours
en doute par où il veut entrer dans fon Eſtat; s'il veut le combatre, ou
attaquer quelque place, ou feulement fourrager fon païs, pour cet ef-
feĉt il donnera divers rendez-vous à l'armée, où il envoyera fes Marefchaux de Camp pour recevoir fes troupes, avec ordre de luy mander
exaĉtement ſi les Regimens font complets; la quantité d'Officiers prefens, & s'ils font remplis de bons hommes & bien armez. Il doit auſſi
foudain qu'il approche de la frontiere, s'enquerir foigneufement des
Gouverneurs des places de tout ce qu'ils fçavent de l'ennemy, ne mef-
prifer aucun avis, & envoyer des efpions en divers lieux, envers lefquels il doit eſtre prodigue, à fin de n'en manquer jamais, & d'eſtre
perpetuellement adverty de tous les deſſeins de l'ennemy, n'y ayant nul
doubte que cela ne luy ferve à former les fiens, & à reüſſir fouvent dans
des entreprifes qui fans cela tourncroient à fa confufion: Il fe doit nean-
moins garder de recompenfer l'efpion avant que d'en avoir tiré le fervice qu'il en pretend, de crainte qu'ayant toute fa recompenfe, il ne
s'arreſtaſt parmy les ennemis, & ne declaraſt des chofes qui pourroient
nuire; ces fortes de gens eſtant tres-fujets à joüer le double.

Apres que le General aura eu toute la connoiffance poſſible, tant de
l'eſtat de fes troupes que de celles des ennemis, il en donnera avis en
toute diligence au Souverain par une perfonne intelligente & de creance, à fin que, ſi felon ce qu'il aura mandé l'on changeoit quelque
chofe à fes ordres, & que cependant il fuſt entré dans le païs ennemy,
celuy qu'il aura envoyé, & qui luy pourra apporter quelque changement venant à eſtre pris par l'ennemy aye le fecret, & ne puiffe rien
defcouvrir par les lettres qu'il porte: car quoy qu'on fe ferve de chiffres
en ces rencontres elles peuvent eſtre defchiffrées, & par ainſi le deſſein
defcouvert.

Au furplus, avant que d'entrer dans le pays ennemy, le General fe
doit pourvoir de bons guides, aufquels il donnera un Capitaine qui
foit fidele & affeuré, une partie de fes entreprifes defpendant de leur
conduite. Il feroit encore à defirer qu'il eſtabliſt un Capitaine des bagages avec une douzaine d'Archers, pour remedier aux defordres &

L L

grands embarras qu'ils caufent ordinairement dans les diverfes marches des armées. Ce Capitaine des bagages doit avoir pleine authorité fur tous les valets, & tant luy que les Archers porter des cafaques des li- vrées du Souverain, pour eftre plus refpectez, & faire porter une mar- que differente aux bagages de chaque corps pour les reconnoiftre.

Si eftant fur la frontiere l'armée eft obligée à faire quelque fejour, le General & les Marefchaux de Camp doivent voir la feureté qu'il y a en chaque quartier, & les departir, ou fortifier en forte que fi l'ennemy faifoit quelque entreprife fur l'un d'eux ils fe trouvaffent en eftat, ou de fe fecourir l'un l'autre, ou de refifter d'eux-mefmes; & le General doit donner un fignal, lequel veu ou entendu, les chofes qu'il aura ordon- nées foient promptement executées. Il feroit bon que durant fon fejour fur la frontiere, outre les moyens fuf-mentionnez, il envoyaft diverfes parties à la guerre pour tafcher de faire des prifonniers, afin d'eftre d'au- tant mieux inftruit de l'eftat de l'ennemy; & s'il luy eftoit poffible de luy enlever quelque quartier, ou dreffer quelque embufcade par laquel- le il puft prendre avantage fur luy, il en tireroit un notable fruict, n'y ayant rien qui enfle tant le cœur des gens de guerre que de fe voir d'a- bord victorieux, ny qui l'abaiffe tant aux ennemis que d'eftre batus en commençant la guerre ou la campagne.

Si l'armée fe trouve forte le General ne fera nulle difficulté d'en fai- re une reveuë generale, à fin que le bruit de fa puiffance s'eftende dans le pays ennemy, & donne de l'efpouvante par ce moyen, tant aux fol- dats mal affeurez qu'aux peuples: mais fi fes troupes font mal comple- tes, il fe donnera bien garde d'en faire la reveuë, n'y ayant point de doubte que l'ennemy n'en tiraft les mefmes avantages. Si l'ennemy eft fort & proche du lieu par où le General voudra entrer dans fon pays, il doit bien confiderer lequel des deux luy fera plus avantageux, ou d'entrer par un feul endroict avec toute fon armée, ou bien en la fepa- rant y entrer par divers lieux; s'il y entre par un feul endroict il pour- ra cacher fon deffein en plufieurs façons: comme faifant marcher fon Avant-garde par un chemin, & le refte de l'armée par un autre, avec ordre au Marefchal de Camp qui commandera l'Avant-garde, de la- quelle les bagages feront demeurez avec les autres de l'armée pour mar- cher plus legerement, de reprendre fa tefte au premier fignal qu'il luy aura donné, ce qu'il pourra faire, felon le mouvement qu'il aura fceu qu'aura fait l'ennemy; que s'il ne veut point feparer fon Avant-garde, il pourra couvrir fa marche par une forte partie de Cavalerie, qu'il rappel- lera auprés de luy lors qu'il en aura tiré le fervice pretendu, ou comme il jugera plus à propos. Cependant avant qu'entrer dans le pays ennemy

il fera faire des defenfes tres-expreffes de ne brufler, violer, ny commet-
tre aucune forte d'excez, notamment fi c'eft un pays où il pretende faire
conquefte: comme auffi defendre aux gens de guerre de n'abandonner
point leurs rangs pour quelque caufe, ny fous quel pretexte que ce foit,
& faire châtier feverement ceux qui contreviendront à fes ordres. Que
s'il y a quelque raifon qui l'oblige à brufler, comme il peut quelquefois
arriver, en ce cas il faut que ce foit par fon ordre expres, & par hommes
commandez, & non autrement, n'y ayant rien de fi certain, que fi le
General fouffre du commencement la moindre licence, il luy eft prefque
impoffible de la reprimer par apres, & n'y a rien qui face fi toft deperir les
armées. Le General doit donner grande efperance de butin aux gens de
guerre, & neantmoins les laiffer rarement butiner, dautant qu'il eft fans
doubte que le foldat s'eftant enrichy n'a plus de penfée que de fauver fon
butin, quitte le fervice à la premiere occafion qu'il en trouve, fe rend
plus negligent à fon devoir, & ne va plus aux occafions qu'à regret,
n'ayant pas moins de paffion de conferver ce qu'il a acquis, qu'il avoit
d'ardeur de l'acquerir.

Durant que le General eft fur la frontiere dans les importantes occu-
pations fuf-mentionnées, celles des Marefchaux de Camp doit eftre de
faire exercer les troupes tant de Cavalerie que d'Infanterie, tant pour
empefcher l'oifiveté des gens de guerre, qui les rend d'ordinaire vicieux
que pour fe faire connoiftre d'eux, leur parler familierement, & par
leurs difcours leur donner envie de combatre, tafchant de leur faire mef-
prifer l'ennemy, en leur donnant grande efperance de gain. Cependant,
pour les mefmes raifons, le Marefchal de Bataille doit vifiter tous les
quartiers, voir fi le lieu du rendez-vous general de l'armée eft propre
pour fe ranger en bataille, quelle forme il luy pourra donner pour la faire paroiftre davantage, & s'il luy eft poffible lors du rendez-vous, de
la difpofer en forte que toutes les troupes fe puiffent voir l'une l'autre,
notamment fi les troupes font belles; cela n'enflera pas peu le cœur des
foldats & mefme des Officiers. Il doit auffi durant ce féjour demander
un roolle de toutes les troupes au Marefchal des logis general de l'armée, & en fuite fçavoir du General combien de brigades il luy plaift
de faire, & de quelles troupes il veut compofer chacune d'icelles; les
brigades faites il fera divers ordres de Bataille, dont il mettra le plan fur
un papier, & les monftrera au General pour voir lequel il luy plaira de
choifir pour ranger fon armée en bataille, en cas d'un combat preme-
dité; & d'autant que cet ordre doit eftre tenu tres-fecret, à fin que
l'ennemy n'en aye nulle connoiffance, & n'en puiffe tirer avantage: Il
pourra eftre monftré feulement aux Marefchaux de Camp, que le General

connoiſtra capables de garder le ſecret, & de juger ſi les troupes ſont bien diſpoſées; & lors que le General aura reſolu l'ordre qu'il voudra choiſir pour combatre, le Mareſchal de Bataille en fera deux plans où il eſcrira les noms de toutes les troupes; marquera les places où chacune doit combatre; placera l'artillerie & autres choſes neceſſaires : apres quoy il les fera ſigner au General; luy en baillera une des copies, & gardera ſoigneuſement l'autre, ne la laiſſant voir à qui que ce ſoit que le jour du combat.

Toutes choſes ainſi diſpoſées pour une prompte marche, le General fera venir devant luy l'Intendant de la Iuſtice & celuy des Finances, le General des vivres, & celuy qui commandera l'artillerie, pour ſçavoir encore exactement ſi tout ce qui deſpend d'eux eſt en bon ordre, & leur ordonnera de ſe tenir preſts pour marcher au premier commandement. Outre l'hoſpital ſuivant l'armée il doit auſſi deſtiner des lieux ſur la frontiere pour y faire conduire les malades & les bleſſez qui ne pourront eſtre promptement gueris. Cependant il tiendra ſon deſſein ſecret, & n'en donnera nulle connoiſſance, pas meſme aux Mareſchaux de Camp que lors qu'il le voudra executer, au contraire il teſmoignera par toutes ſes paroles & actions d'en avoir de tous contraires, du moins aux deſſeins de conſequence. Outre le ſoin que le General doit avoir de toutes choſes, il doit encore charger les Mareſchaux de Camp chacun en particulier de quelque choſe dont il les obligera de luy rendre compte tous reglément : par exemple, l'un prendra ſoin des vivres, un autre des munitions de guerre & des choſes deſpendantes de l'Artillerie; un de l'Infanterie, & un autre de la Cavalerie; des travaux s'il y en a à faire; de racommoder les chemins par où l'armée doit paſſer; de viſiter les gardes, & autres choſes neceſſaires, & dont le General doit eſtre tous les jours adverty. Le Mareſchal de Camp qui eſt de jour eſt obligé, quoy que ce ne ſoit pas des deſpendances de ce que le General luy aura ordonné de faire, de ſçavoir l'eſtat de toutes ces choſes, d'en ordonner ce qu'il verra eſtre à faire, s'il ne trouve que celuy de ſes compagnons à qui la choſe touchera, ne l'aye desja fait.

Le jour du partement arrivé le Mareſchal de Camp de jour recevra tous les ordres du General & les donnera au Mareſchal de Bataille, qui ſoudain les diſtribuëra à tous les corps par des billets ſignez de luy, où il leur donnera le lieu & l'heure du rendez-vous. C'eſt aux Majors de brigade qu'il baillera ceux de l'Infanterie, & au Mareſchal des logis general de la Cavalerie ceux d'icelle, qui en ſuite les diſtribuëront aux Majors de chaque Regiment, apres neantmoins les avoir fait voir à ceux qui commandent, tant l'Infanterie que la Cavalerie. Le Mareſchal de

Bataille donnera aussi l'ordre par escrit à l'artillerie & aux vivres, des lieux & de l'heure du rendez-vous. Lors que les troupes commenceront à desloger le Marefchal de Camp de jour, & le Marefchal de Bataille iront devant au rendez-vous general de l'armée pour recevoir les troupes & les ranger en bataille en mefme temps qu'elles arriveront, donnant ordre au Capitaine des bagages de les mettre en lieu qu'ils n'embarraffent point les troupes, & faifant le mefme à l'artillerie & vivres, afin que lors que le General arrivera il les puiffe confiderer fans empefchement. Ce jour-là le General, entre les autres, doit eftre bien monté & bien veftu, luy eftant tres-important de donner d'abord de l'affection & du refpect aux gens de guerre.

Soudain que le General aura fait fa reveuë il ordonnera que les troupes marchent pour aller au campement qu'il aura refolu, & le Marefchal de Camp de jour prendra telle efcorte qu'il jugera neceffaire pour aller devant le marquer, emmenant avec luy le Marefchal de Bataille, les Majors de brigade, le Marefchal des logis general de l'armée, celuy de la Cavalerie, tous les Majors, Marefchaux des logis & Fouriers. Et d'autant que pour ce premier jour l'ordre de la marche n'a point efté reglé, le Marefchal de Bataille dira aux Aydes de Camp l'ordre que les troupes tiendront pour paffer devant le General, s'il veut voir les corps feparez, comme il le doit s'il en a le temps, & marcher en fuite à leur campement. En ce rencontre le General ne fçauroit fe monftrer trop courtois aux gens de guerre, les faliüant lors qu'ils paffent devant luy, & leur difant quelque chofe d'obligeant, en forte neantmoins qu'ils puiffent remarquer qu'il ne fait point d'action mal-feante à fa dignité. Il doit fe faire nommer tous les Capitaines & Officiers, & tafcher de les reconnoiftre par leurs noms, mefme, s'il luy eft poffible, quelques foldats, afin de les y nommer quelquesfois, notamment lors qu'il leur verra faire quelque bonne action, de laquelle il les loüera hautement, leur fera quelque gratification, mefme s'il luy eft poffible, leur procurera quelque avantage aupres du Souverain, & le pluftoft apres la bonne action qu'il le pourra faire; s'y comportant de cette forte il fera adoré des gens de guerre, donnera de l'emulation de bien faire à toute l'armée, & accroiftra merveilleufement l'affection de tous ceux qui feront fous fa charge pour le fervice du Souverain & pour le fien propre. Mais revenant à noftre Marefchal de Camp de jour, nous adjouftons qu'eftant arrivé au logement avec l'efcorte fuf-mentionnée, s'il y a un village il fera halte avant que d'entrer dedans, & envoyera un Officier avec vingt ou trente Maiftres reconnoiftre fi le quartier n'eft point occupé par les ennemis, donnant ordre à cet Officier de l'advertir en

LL iij

diligence de ce qu'il rencontrera, & fi rien ne s'oppofe à luy, de paffer outre de l'autre cofté du village, où le Marefchal de Bataille l'ira pofer en garde, & mettre des vedettes fur toutes les avenuës, qui advertiront leur Officier de tout ce qu'ils defcouvriront, & l'Officier en donnera avis au Marefchal de Camp. Cette garde pofée, le Marefchal de Camp choifira le lieu le plus propre qu'il pourra pour mettre le refte de fon efcorte, pour fe retirer en cas qu'il fuft troublé par les ennemis durant qu'il travaille au logement; & cette efcorte demeurera cependant à cheval, fans qu'il foit permis à aucun Cavalier de quitter fon pofte, ny mettre pied à terre. Ayant mis cet ordre le Marefchal de Camp accompagné des Officiers Majors qui l'ont fuivy, fera le tour du quartier, reconnoiftra le lieu le plus commode & le plus feur pour camper l'armée, marquera vn champ de Bataille pour la ranger en cas d'alarme, & en fuite marquera le parc pour les vivres & celuy de l'artillerie; il verra aufli le logis pour le General, & reconnoiftra ce qu'il faut pour fa feureté : apres quoy il ordonnera au Marefchal des logis general de l'armée de faire travailler au logement pour tous les Officiers & autres perfonnes fuivant le General; il monftrera aufli au Marefchal de Bataille les lieux où il aura refolu que foient campées, tant l'Infanterie que la Cavalerie, & foudain le Marefchal de Bataille marquera aux Majors de brigade ce qu'il leur faut de terrain pour chaque Regiment, & leurs vivandiers; & au Marefchal des logis general de la Cavalerie le terrain qu'il luy faut aufli pour camper ladite Cavalerie, faifant toufjours laiffer à la tefte, tant de l'Infanterie que de la Cavalerie, une place d'armes propre à fe mettre en bataille toutes les fois que befoin fera; toutes lefquelles chofes faites le Marefchal de Bataille ira rejoindre le Marefchal de Camp, luy rendra compte de ce qu'il aura fait, & l'accompagnera aupres du General pour l'informer de l'eftat & de l'affiette du campement, que ledit Marefchal de Camp fera voir fur le plan qu'il en aura fait ou fait faire.

Cependant le Marefchal de Camp qui conduit l'Avant-garde arrivant proche du campement fer faire halte, & demeurera en bataille fous les armes, jufqu'à ce que la Bataille foit arrivée; apres quoy l'Avant-garde fera conduite à fon logement par les Majors de Brigade; le Marefchal des logis de la Cavalerie, & autres Majors particuliers, comme aufli les vivres & artillerie au leur par leurs Commiffaires: & cependant la Bataille demeurera en bataille au lieu de l'Avant-garde jufqu'à l'arrivée de l'Arriere-garde; en fuite la Bataille fera logée dans le mefme ordre de l'Avant-garde, & l'Arriere-garde demeurera en bataille jufqu'à ce que toutes les gardes qui feront ordonnées pour la feureté du logement auront efté pofées par le Marefchal de Camp de jour, affifté du Marefchal de Bataille & du Marefchal des logis general de la Cavalerie. Il eft neceffaire que les Majors de Brigade fçachent où fera pofée la garde de l'Infanterie, tant pour la monftrer au General de ladite Infanterie que pour pouvoir vifiter les corps de garde à toute heure; le Marefchal des logis de la Cavalerie fera pareillement connoiftre l'eftat de fa garde à fon General. Tout ce que deffus obfervé l'Arriere-garde fera logée en la forme des deux corps precedens d'Avant-garde & de Bataille.

L'armée ainfi logée il eft du foin du General de faire le tour du quartier, reconnoiftre le champ de bataille, voir fi les corps de garde font bien pofez, s'il eft neceffaire d'y changer ou adjoufter quelque chofe, fi le parc de l'artillerie eft bien placé, & de quelle forte il s'en pourra fervir au befoin.

La vifite du camp faite par le General, il ordonnera au Marefchal de Camp de jour, & à celuy qui doit entrer le jour fuiuant, tout ce qu'il defirera eftre fait, tant la nuict que le lendemain, & pourra en fuite s'en aller chez luy, où eftant en fon particulier il fe fera amener les efpions s'il en a, comme il n'en doit jamais manquer, les interrogera des forces ennemies, de leurs deffeins, & bref de toutes les chofes qu'il croira luy eftre utiles, & fera ce qu'il pourra pour ofter la connoiffance mefme à fes plus familiers que ce foient des efpions, de crainte que l'ennemy ne foit adverty qu'ils font tels; mefme entr'eux on ne les doit pas faire connoiftre, & pour cet effet il les faut interroger à part. S'eftant inftruict avec les efpions, s'il a des prifonniers il les fera auffi venir devant luy, aufquels il pourra faire les mefmes queftions & autres qu'il avifera, afin de voir le rapport qu'il y a des uns aux autres, & juger par ce moyen le vray d'avec le faux, pour pouvoir en fuite former quelque deffein avantageux pour le fervice de fon Maiftre.

Cependant le Marefchal de Bataille prendra tous les ordres du Marefchal de Camp de jour, ira donner le mot aux Majors de Brigade, & au Marefchal des logis general de la Cavalerie, au Marefchal des logis de la Gendarmerie, & leur diftribuëra l'ordre de la marche pour le jour fuivant; comme auffi à l'artillerie, vivres, argent & bagages. Il ira en fuite, lors qu'il fera nuict, vifiter tous les corps de garde, où le mot luy fera donné, pour voir s'il n'eft point changé; verra fi le nombre d'hommes & d'Officiers commandez y font, & fi toutes chofes font en bon eftat, defquelles chofes il ira faire rapport exact au General, ou au Marefchal de Camp de jour; & s'il trouve quelque manquement il fera fon poffible pour faire punir les coupables.

Le Marefchal de Camp de jour eft obligé de faire la mefme vifite, comme auffi les Majors de Brigade, & le Marefchal des logis general de la Cavalerie, chacun dans fon deftroit. Le General doit prendre le mefme foin, particulierement eftant proche de l'ennemy; comme auffi tous les Majors, tant d'Infanterie que de la Cavalerie, chacun dans l'e-ftenduë de fa charge.

Au furplus, il y a beaucoup de perfonnes, mefme dans les princi-paux employs, qui croyent que de nuict vifitant les corps de garde le mot leur doit eftre donné à tous les corps de garde, je les fuplie de me pardonner fi je leur dy qu'ils fe mefprennent, il y a trop de peril à cour-re d'en ufer ainfi; cette deference ne doit eftre renduë qu'à la feule per-fonne du General, encore doit-il faire aller devant luy un Ayde de Camp pour donner avis que c'eft luy. Que fi j'ay dit que l'on le doit donner au Marefchal de Bataille, ce n'eft pas que je die que cela foit deu à fa charge, mais à fin feulement qu'il fçache fi le mot n'a pas efté changé; encore ne le doit-il pretendre qu'à la premiere ronde qu'il fait chaque nuict, & apres s'eftre bien fait connoiftre au corps de garde; & où il feroit d'autres rondes il donnera le mot comme tous les autres.

Le Marefchal de Camp de jour & le Marefchal de Bataille ayant fait & donné les ordres pour la marche du lendemain, comme il a efté dit, & marqué un rendez-vous en lieu propre où ranger toute l'armée en bataille, s'y rendront avant que les troupes y arrivent, à la tefte neant-moins de la garde à cheval du quartier pour leur feureté; eftant fur le champ de Bataille ils mettront les troupes de l'Avant-garde à mefme temps qu'elles arriveront en bataille, felon l'ordre qui en aura efté fait propre à la marche de ce jour, plaçant quelques petites pieces d'artille-rie à la tefte des bataillons, & donnant ordre que les bagages foient en lieu où ils n'embarraffent point les troupes. Le Marefchal de Bataille donnera au Capitaine des bagages l'ordre de la marche, à fin qu'il les face marcher au mefme ordre que les gens de guerre, à la referve de celuy du General, des Marefchaux de Camp, de Bataille, Intendant de la Iuftice, & autres Officiers generaux de l'armée, qui marcheront tous à la tefte avec tel nombre d'hommes deftachez de tous les corps qu'il aura efté refolu au Confeil de guerre, pour leur feureté. En France les bagages des Regimens des Gardes Françoifes & Suiffes marchent tous les jours apres ceux des Officiers d'armée. Cet ordre ainfi donné, & les troupes qui compofent la Bataille arrivant, elles feront rangées comme il a efté dit de l'Avant-garde, & en fuite l'Arriere-garde, & les troupes de referve, attendant le commandement du General pour marcher; ce-pendant que le Marefchal de Camp qui doit marcher à l'Arriere-garde,

affifté

affifté de fes Aydes & du Prevoft d'armée, fera hafter le deflogement, châtier les pareffeux, & ceux qui commettront quelque defordre, au prejudice des defenfes qui auront efté faites.

Tout eftant deflogé le Marefchal de Camp de l'Arriere-garde fera relever tous les corps de garde, & les envoyera rejoindre leurs corps; en fuite de quoy il fera fçavoir au General que tout eft forty du loge-ment, à fin qu'il face marcher l'armée quand il luy plaira. Il eft à pro-pos, & mefme neceffaire, que durant que le deflogement fe fait il y ait un corps confiderable de l'Arriere-garde qui foit mis en bataille hors du quartier, du cofté que l'armée quitte, n'y ayant nul doubte que fi l'ennemy doit entreprendre quelque chofe, ce ne foit au logement, ou au deflogement de l'armée, où il y a d'ordinaire de la confufion; c'eft pourquoy le General doit bien prendre garde à luy, faifant ces deux ac-tion de loger & defloger l'armée.

Toutes chofes eftant difpofées ainfi, le General aura foin d'envoyer de petits partis de gens de cheval devant l'armée, du moins une lieuë aux deux flancs & derriere, afin qu'il ne puiffe eftre furpris durant fa marche, & qu'il foit adverty de tout ce qui fe paffe; ce qu'il comman-dera à ceux qui meneront lefdits partis. Et cet ordre eftant donné, & ayant encore fait deftacher des enfans perdus de tous les corps d'Infan-terie il commandera au Marefchal de Camp de jour de faire marcher l'Avant-garde, que la Bataille fuivra à cinq cens pas pres, & en fuite l'Arriere-garde à douze ou quinze cens pas pres de la Bataille; le gros canon marchera avec la Bataille, & encore de petites pieces à l'Arriere-garde. Cependant le Marefchal de Bataille & quelque Ayde de Camp s'avanceront avec les coureurs & enfans perdus, menant avec eux des pionniers pour faire accommoder les chemins, en forte que tant qu'il fera poffible l'armée marche en bataille, & que les canons & les baga-ges puiffent librement paffer, fans que la marche de l'armée foit retar-dée. Cependant le General s'eftant promené par tous les corps, com-mandera au Marefchal de Camp de jour de faire marcher l'Avant-gar-de, qu'il verra partir, puis il fera de mefme à la Bataille, & en fuite à l'Arriere-garde, ou troupes de referve; du moins fi le General ne fe trouve prefent à toutes ces chofes il envoyera fes ordres par des Aydes de Camp: fa place ordinaire doit eftre à la Bataille, mais il doit fouvent aller d'un corps à l'autre voir ce qui s'y paffe; s'il va aux ennemis mar-cher fouvent à l'Avant-garde, & s'il fait une retraite à l'Arriere-gar-de, pour eftre d'autant pluftoft adverty des mouvemens que fera l'en-nemy, mais en cas de combat il doit eftre à la Bataille, où tous les Of-ficiers iront luy rendre compte à tous momens de ce qui fe paffe, &

MM

recevoir fes ordres. Les Generaux de l'Artillerie, de l'Infanterie & de la Cavalerie doivent auffi fe promener fouvent aux endroits où il y a de leurs corps pour faire que tout foit en bon ordre, mais en cas de combat le General leur doit ordonner la place où il luy plaira qu'ils foient, du moins aux deux derniers : car pour le Grand-Maiftre, ou General de l'Artillerie, c'eft fans doute qu'il doit eftre où eft le gros canon à la Bataille, pour de là donner ordre à tout le refte de l'Artillerie. D'autre part le Marefchal de Bataille ayant donné ordre pour le racommodement des chemins laiffera un Ayde de Camp pour la conduite de ce travail, & pour faire executer ce qu'ils auront veu eftre neceffaire pour paffer commodément l'armée, foit qu'il y ait quelques ponts à conftruire, ou autres paffages qui puiffent eftre promptement racommodez : pour ce faire le Grand-Maiftre de l'Artillerie leur ayant baillé des Commiffaires & autres ouvriers neceffaires, s'en reviendra joindre l'armée, & continuellement ira vifitant tous les corps voir fi la marche fe fait bien, & en l'ordre qu'il y aura donné, ne fouffrant qu'aucun Officier ny Soldat, tant de pied que de cheval fe difpenfe de quitter fon rang, ou le pofte où il aura efté mis ; prendra garde durant la marche à la force des troupes, & en rendra compte au General, comme de toutes chofes ; il ira fouvent aupres des Marefchaux de Camp, notamment de celuy de jour, leur donner avis des chofes qui fe paffent dans la marche. L'armée ayant ainfi marché quelque temps, le Marefchal de Camp de jour laiffera la conduite de l'Avant-garde à celuy de fes compagnons qui en fera forty, & fe difpofera d'aller au logement, faifant advertir tous les Officiers qui l'y doivent accompagner, & l'efcorte neceffaire, comme il a efté dit. S'il y a plufieurs Marefchaux de Bataille à l'armée, celuy de jour feulement l'accompagnera, les autres demeurant pour la faire bien marcher, & y executer les ordres du General. Que s'il n'y en a qu'un il donnera aux Aydes de Camp l'intelligence de fon ordre, foit de marcher ou de combatre, afin qu'en fon abfence ils le faffent fuivre. Pour faire le logement le Marefchal de Camp y obfervera tout ce qui a efté dit au precedent campement qu'il fera au lieu qui luy aura efté marqué par le General ; que fi la neceffité le contraignoit de changer de lieu, comme par exemple qu'il n'y euft point d'eau, point de fourrage, ou telle autre difficulté, il en donnera promptement avis au General par un Ayde de Camp, & luy marquera le lieu où il trouvera plus de commodité pour fçavoir s'il aura agreable de faire ce changement. L'armée arrivée il la logera & pofera les gardes en la maniere fufdite.

Dans la fuite ou feconde Partie du Marefchal de Bataille nous traicterons plus amplement des devoirs du General de l'armée, des Marefchaux

de Camp, & autres principaux Officiers ; tant pour combatre les ennemis, attaquer leurs places, faire perir s'il se peut leurs armées, du choix,
de l'afficte & forme des campemens, des passages de riviere, plusieurs
sortes de defilez, & autres choses concernant l'Art militaire, selon le peu
de connoissance que vingt-sept ans d'experience & de service actuel, pendant lequel temps j'ay fait sept campagnes, exerçant la charge de Marefchal de Bataille sous les plus grands Capitaines de nostre Siecle, me peuvent avoir acquis, mais particulierement sous le feu Roy LOVIS LE
IVSTE, d'immortelle memoire, qui sans contredit a mieux sceu le de-
tail de toutes les charges de la guerre que jamais Prince ny Capitaine
particulier ou general n'ont sceu jusqu'à present. Et parce que la charge
de Marefchal de Bataille est le but principal de cet Ouvrage, & que pour
les raisons dites dans mon avis au Lecteur je ne puis en dire ce que je
voudrois, dans la seconde Partie j'espere le despeindre avec toutes les
qualitez que celuy qui exercera cette importante charge doit avoir, &
quels sont ses devoirs & functions.

F I N.